GB 18877—2009《有机-无机复混肥料》国家标准实施指南

全国肥料和土壤调理剂标准化技术委员会　编

中国质检出版社
中国标准出版社
北　京

图书在版编目(CIP)数据

GB 18877—2009《有机-无机复混肥料》国家标准实施指南/全国肥料和土壤调理剂标准化技术委员会编.—北京:中国标准出版社,2013.8
ISBN 978-7-5066-7089-0

Ⅰ.①G… Ⅱ.①刘… Ⅲ.①复合肥料—混合肥料—国家标准—中国—指南 Ⅳ.①TQ444-65

中国版本图书馆 CIP 数据核字(2012)第 312577 号

中国质检出版社
中国标准出版社 出版发行
北京市朝阳区和平里西街甲 2 号(100013)
北京市西城区三里河北街 16 号(100045)
网址:www.spc.net.cn
总编室:(010)64275323 发行中心:(010)51780235
读者服务部:(010)68523946
中国标准出版社秦皇岛印刷厂印刷
各地新华书店经销

*

开本 787×1092 1/16 印张 9.5 字数 163 千字
2013 年 8 月第一版 2013 年 8 月第一次印刷

*

定价 50.00 元

编 委 会 名 单

主　　编：刘　刚

副 主 编：杨　一

编写人员：刘　刚　范　宾　章明洪　段路路
商照聪　杨　一　黄　婧

前　　言

GB 18877《有机-无机复混肥料》国家标准是肥料标准中很重要的一项标准，GB 18877—2002《有机-无机复混肥料》国家标准2001年首次制定，2002年11月18日发布，2003年6月1日实施。GB 18877—2009《有机-无机复混肥料》国家标准2009年修订，2009年4月7日发布，2012年5月1日实施。

该标准规定了有机-无机复混肥料的技术要求、试验方法、检验规则、标识、包装、运输和贮存。适用于以人及畜禽粪便、动植物残体、农产品加工下脚料等有机物料经过发酵，进行无害化处理后，添加无机肥料制成的有机-无机复混肥料。不适用于添加腐植酸的有机-无机复混肥料。

该标准没有国际标准可参考，是全国肥料和土壤调理剂标准化技术委员会参考了国外先进标准并结合我国的实际国情首次制定，2002版该标准实施的宣贯图书销售万册，很受欢迎。标准实施到现在已有多年，对我国发展有机农业、绿色农业及无公害农业等非常有益。但在实施中也发现了该标准中有些不足，全国肥料和土壤调理剂标准化技术委员会适时组织了标准的修订，该标准的第二章规范性引用文件2002版收入标准14项，2009版收入标准16项，2009版有14项是2003年以后新修订的标准，有7项是2009版新增加的标准。在本书的第四章中将标准引用的重要标准也逐项进行了释义。

本书的出版对规范有机-无机复混肥料行业的发展，《有机-无机复混肥料》国家标准的实施，对规范该产品的生产、销售、使用和质量监督，引导行业健康发展将起到重要的作用。

编　者

2012.12

目　　录

第一章　我国肥料标准化工作现状

我国是农业大国，化肥对农业增产所起的作用约占40%，肥料能提高土壤肥力，增加作物产量，同时也相对补偿了耕地不足，按我国近几年化肥平均肥效，每吨养分可增产粮食 7.5 t。我国的化肥工业发展很快，目前我国的化肥生产量及消费量均占世界首位。到2011年，我国化肥年生产量已达 6 207 万 t（折纯，下同），其中氮肥 4 178.99 万 t，磷肥 1 462.4 万 t，钾肥 385.6 万 t。

随着化肥工业的发展，我国化肥标准化工作也取得了很大的进展，化肥标准体系逐步完善，通过化肥标准的制定实施，促进了化肥产品质量的稳定提高。我国肥料标准体系目前主要包括了无机化学肥料、有机肥料以及微生物肥料标准。到 2012 年底，我国共有国家和行业肥料标准 189 项，其中产品标准 67 项，占 35%，方法标准 98 项，占 52%，基础及通用标准 18 项，占 10%。管理标准 6 项，占 3%。如果按标准级别分，国家标准 79 项，行标 110 项，涉及化工、农业、商检、轻工、电力 5 个行业。

按标准属性划分：强制性标准 40 项，占 21%，推荐性标准 149 项，占 79%。

按产品品种划分：氮肥 29 项，占 15%；磷肥 6 项，占 3%；钾肥 5 项，占 3%；复混肥料肥复合肥料 34 项，占 18%；微生物、有机肥料 33 项，占 17%；其他和新型肥料 35 项，占 19%。肥料基础通用方法标准 47 项，占 25%。

我国肥料标准的数量几乎覆盖了我国所有形成规模的肥料生产品种，产品标准基本与国际先进水平接轨，优等品指标整体上已经与国际标准一致，合格品指标考虑到我国不同工艺、不同矿产的品位、促进资源有效利用等而有所不同。

目前我国的肥料标准整体上具有较好的时效性，平均标龄 7 年，绝大部分肥料标准已经作为各级监督抽查的技术依据、生产许可证检验依据以及国家农业部肥料登记检验依据。

我国在制定肥料标准过程中，积极采用国际标准和国外先进标准，以提高我国的肥料产品质量。我国主要的肥料品种，除了农用碳酸氢铵为我国特有的产品外，尽可能都采用国际标准和国外先进标准，我国国家标准采用国际标准和国外先进标准的采用率达到 75%，而绝大部分的分析方法均采用国际标准化组织（简称 ISO）规定的标准方法。

截止到2012年，国际标准化组织肥料和土壤调理剂标准化技术委员会发布的肥料标准共有31个，我国已采用的有16个，其余将根据我国国情陆续采用。

目前国际上肥料产品发展的总趋势是高浓度、多元化，安全，环保，我们在国内标准化领域主要关注肥料质量安全，关注废弃物的使用，防止假冒肥料以及添加有害物质肥料的使用，同时关注肥料施用技术、使用安全和经销农化的服务规范，今后还将进一步做好新型肥料标准制定和标准体系梳理工作以及肥料标准化体系的调整优化工作。

近期主要集中于基础标准的制修订工作，如肥料标识、术语，肥料分类、肥料分级、肥料命名原则等标准制定工作，同时关注土壤调理剂产品和快速检测方法研究和标准制定。目前已列入国、行标计划的项目共13项(肥料分级及要求等)。

在制定标准的过程中，我们也进行一些基础性的科研专项工作，如：肥料中有害物质检测方法的研究，缓控释肥料系列标准研究，腐植酸类肥料中腐植酸质量评价方法标准研究，生物肥料关键技术研究等。

国际上在制定肥料标准时在安全和环保方面要求较严，对复混肥料中氨态氮和硝酸态氮也规定比例，而我国肥料标准在此方面有部分差距，目前我国已制定出国家标准《肥料中砷、镉、铅、铬、汞生态指标》(GB/T 23349—2009)，目前已经作为国家生态肥料自愿认证的依据。

近年来，我国新型肥料开发呈现空前活跃的势态，缓释肥料、控释肥料、稳定性肥料、水溶性肥料等发展迅速，对此我国本着对安全、环保负责的态度，对待新型肥料标准的制定工作，只有按照国家法定程序和通过权威科学的肥效试验和毒理试验，确认安全有效，而且具有一定的规模，才会考虑制定国家和行业标准。

作为标准化的重要组成部分，近年肥料的地方标准和企业标准发展很快，对我国肥料行业的品种发展有极大的推动作用。由于我国肥料行业的主要产品标准均为强制性标准，故此类标准多集中在新型肥料和土壤调理剂方面，由于各地发展水平及资源不同，因此同一品种肥料的地方标准及企业标准技术指标差异很大，在流通领域由于各地要求不同而引起质量争议。对此，我们将在条件成熟的情况下，把部分地方或企业标准转化为统一的行业或国家标准。

近几年来，我国的肥料国际标准化工作有了很大的进展，2009年，我国成为国际标准化组织肥料和土壤调理剂委员会无机肥料的召集人承担者，上海化工研究院检测中心主任和国家化肥质量监督检验中心(上海)常务副主任刘刚同志被选举为ISO/TC 134 WG1的召集人。目前正在组织制定以下五项

ISO 国际标准：1)《肥料和土壤调理剂　术语》；2)《肥料中砷、镉、铅、铬、汞的测定方法》；3)《肥料中钾含量的测定　重量法》；4)《硫包衣尿素　要求》；5)《硫包衣尿素　试验方法》，现已经提出工作草案稿。

2012 年 7 月上旬已在上海召开 ISO/TC 134 委员会的全体会议，这也是我国历史上首次承担国际肥料标准会议工作。

我国是世界第一的用肥大国，为了保护广大农村消费者的利益和国土环境及人身健康，肥料的标准制定工作任重而道远，尽管目前在标准制定过程中存在着人力、物力短缺的局面，但如果发挥各方面的积极性，组织得当，我国的肥料标准体系将会更加完善、有效。

有机-无机复混肥料是我国的一个重要肥料品种，截至 2012 年 5 月底的统计，全国共有 837 家有机-无机复混肥料企业取得了国家颁发的生产许可证，估计全国在 2002 年，GB 18877 标准规定的有机-无机复混肥料总的生产能力为 5 000 万 t 左右，有机-无机复混肥料结合了有机肥料和无机肥料各自的优点，在我国有着极大的发展空间。

2002 年，GB 18877《有机-无机复混肥料》国家标准首次制定，曾在 2003 年获得国家优秀标准奖，相隔十年，《有机-无机复混肥料》国家标准再次修订实施，相信对我国有机-无机肥料复混肥料行业的健康有序发展，有着更大的推动作用。

第二章　标准修订编制说明

一、目的及意义

长期以来，我国依靠化肥的大量投入提高作物产量，形成了特有的化肥高量投入和农田高强度利用的生产体系。2005年，我国化肥消费量达到4 766万t，占世界化肥消费总量的32%；但是，肥料利用效率低，氮素当季回收率仅有30%，比发达国家低15～20个百分点。大量的有机养分资源未能充分利用。据估计，我国农业生产系统内部生成的有机养分每年高达5 300多万吨，但是有效返回农田的仅有三分之一左右。集约化农区氮磷肥过量施用以及有机肥资源浪费导致生态环境恶化，加重了环境和水体污染。

因此，我国农业尤其是种植业，面临着资源紧缺和环境质量下降的双重挑战。一方面，满足13亿人口和国民经济高速发展的需求，必须利用有限的耕地生产尽可能多的粮棉油和其他农产品，这就需要加大投入，包括增加肥料的施用。另一方面，我们又必须坚持生产发展、生活富裕、生态良好的文明发展道路，建设资源节约型、环境友好型社会。我国高投入、高产出、高度集约化的生产体系加大了保持良好的生态环境的难度。因此，必须加强研究，通过理论和技术上的创新，最大限度和科学地利用所有可以利用的有机肥料资源，变废为宝，减轻其对环境的压力，最大限度地提高化肥的利用效率，降低损失率，提高施肥效益。通过建立科学的有机-无机肥料相结合的肥料管理和施用体系，实现有机和无机肥料资源的合理配置和高效利用，才有可能实现作物优质高产和保护生态环境的双赢目标。

早在化肥应用于农业生产之前，我国农民就主要靠施用有机肥来促进农作物增产。在化学肥料问世之后，由于其养分含量高，农作物增产效果显著，又使用方便，从而形成了单纯使用化学肥料的习惯。我国是世界上化肥用量最多的国家之一，建国以来化肥使用量的增加带来了粮食产量的大幅度增加，为解决我国人民的温饱问题作出了巨大的贡献，也给人类带来了巨大的经济效益。但随着我国化肥工业的发展，有机肥施用比例逐年下降。由于无机化肥的过量以及不合理的使用，对土壤和作物的危害日趋严重，局部地区已造成土壤肥力的下降，而且长期偏施化肥易导致土壤中有机质下降，造成农作物品质下降，如瓜不甜、米不香、菜无味等。提高农产品质量的一个关键措施就是要多施有机肥。因此要强调科学合理地施肥。我国历来倡导有机肥料和化学肥料相结合的施肥制度，因为有机肥料和化肥配合是合理施肥的重要原则。

近年来，国内外对化肥与有机肥配合施用十分重视。中国科学院土肥所等单位在20多种作物中进行了化肥与有机肥配合施用对作物产量、品质影响的研究。实验结果表明：有机、无机肥配合施用与完全施用化肥或完全施用有机肥比较，不仅产量增加，而且品质改善，达到了高产、优质和高效益的施肥目的。国外的一些长期定位实验也表明，化肥与有机肥配合施用有明显的改良土壤和增产、优质的效果，故重新强调有机肥的施用，生产有机-无机复混肥料，由商品渠道将有机肥输入农田，长期施用后，必将有效地扭转有机、无机肥比例严重失调的局面。走有机无机相结合、平衡施肥的道路，提高肥料的利用率，减少养分损失，这将对农业生产的持续低耗发展有着积极重要的意义。

有机-无机复混肥料是指在无机复混肥料中加入大量的有机质形成的产品。有机肥料肥效缓长，具有改良土壤作用，但不能满足高产作物的养分需要，而化学肥料肥效快而猛，但又会因施用不当而引起土壤酸化、板结和有机质含量下降等问题。因此，按现代社会发展的商品化、社会化要求，用工厂化途径生产有机-无机复混（合）肥，克服传统有机肥水分多、养分浓度低、速效差、有臭味、储藏运输和使用均不方便等问题，走有机无机相结合、平衡施肥的道路，提高肥料的利用率、减少养分损失，这将对农业生产的持续低耗发展有着积极重要的意义。另外，有机肥中含有维生素、激素、酶、生长素、泛酸和叶酸等，能促进作物生长和增强抗逆性，有机肥分解产生的酸类物质，有反硝化微生物的作用，有机肥在分解过程中产生的有机酸对土壤中难溶性养分有螯合分解、增溶作用，可提高难溶性磷酸盐及微量元素养分的有效性。

有机-无机复混肥料既有无机化肥肥效快的一方面，又具备有机肥料改良土壤、肥效长的特点。在我国贵州、湖北、广东等地近年来试用效果明显，深受农民欢迎，因而目前有机-无机复混肥的发展极为迅速，已有相当规模，国内现有六百多家生产企业，是今后肥料发展的方向之一。因各地区可利用的资源不同，该产品中加入的有机质品种多种多样，有鸡粪、骨粉、菜籽粕、泥炭、甘蔗制糖后的废料等，还有的厂家使用城市生活垃圾。

GB 18877—2002《有机-无机复混肥料》国家标准2002年11月18日首次发布，2003年6月1日实施。本标准规定了有机-无机复混肥料的技术要求、试验方法、检验规则、标识、包装、运输和贮存。本标准适用于以畜禽粪便、动植物残体、供农田施用的各种腐熟的城镇生活垃圾（必须符合GB 8172《城镇生活垃圾农用控制标准》的要求）等有机物料经过发酵处理，添加无机肥料制成的有机-无机复混肥料。一些常见的有机肥源有：动物性废弃物（骨粉、血粉、皮革粉等）、作物秸杆、动物粪便、饼肥、绿肥、腐植酸和甘蔗渣等。该标准实施到现在已有多年，对我国发展有机农业、绿色农业及无公害农业等非常有益。但在实施中也发现了该标准中有些不足，例如，有不少企业、行业协会反映标准中的指标不是很合理，有机质含量指标偏高、粒度要求太严等；有不少企业反映国家标准规定的水分偏低，生产者要浪费大量热源来干燥，而农民增加了投资成本，更会造成肥效的利用率缓慢降低，因为有机-无机复混肥料需要大量水分来溶解释放，尤其在土壤中更需要大量的水分才能把肥效释放均匀；还有企业提出需要增补腐植酸含量的测定方法，因为有些企业声称加入了腐植酸，而实际上是把没有经过风化的煤屑及没有经过发酵腐熟的茎秆掺入有机肥料中，这些都会影响有机-无机复混肥料的产品质量。因此为了规范有机-无机复混肥料行业的发展，同时还要符合国内有机-无机复混肥料产业发展的现实需要，有必要对有机-无机复混肥料国家标准进行修订，这对规范该产品的生产、销售、使用和质量监督，引导行业健康发展将起到重要的作用。为此，2008 年对该有机-无机复混肥料标准进行了第一次修订（GB 18877—2009），此次修订扩大了标准的适用范围，将原来的经发酵处理的有机物料范围扩大，包含了含腐植酸类物质以及农产品加工下脚料。

第一次修订版于 2009 年 4 月准备发布时，农业部办公厅发函对该修订版提出了些建议，意见主要集中在含腐植酸的有机-无机复混肥、第Ⅲ型产品以及酸碱度等问题上。为此我们对第一次修订版又进行了修订，最终形成 2009 年版的标准。

二、任务来源

由国家标准化管理委员会下达，计划编号为 20073085-Q-606。

三、工作简况

标准修订任务下达后，以国家化肥质量监督检验中心（上海）牵头的标准起草小组制定了工作方案，开展了大量的资料、样品收集和实验验证工作，起草人员先后在深圳、上海进行了多次讨论，各起草单位按工作方案分工完成了各自的工作，于 2008 年 7 月编写了该标准的征求意见稿、编制说明。在 2008 年 7 月在上海召开了有生产企业、标委会委员、质检机构等 110 名代表参加的工作会议并进行了讨论，按照与会代表的意见和建议，起草小组又对标准中的试验方法、试验条件进行了进一步的试验，形成了标准的送审稿。2008 年 8 月在秦皇岛召开的标准审查会议上通过了审查，投票结果如下：本届标委会委员 38 名，到会委员及委员代表 36 名，2 名委员因参加起草不能投票，32 票同意，2 票同意但有部分意见，审查通过。根据会上委员、代表形成的一致意见编制了报批稿。2008 年 9 月标准起草单位根据标准审查会议代表意见形成了报批稿，全国肥料和土壤调理剂标准双技术委员会上报了标准报批稿。

2009 年 11 月，标委会收到国家标准化管理委员会（简称国标委）农业食品部转发的农业部办公厅“关于建议停止发布国家标准《有机-无机复混肥料》（GB 18877—2009）的函”，立即组织专家认真研究了来函，针对该函中提出的三个问题给予了答复。同年 12 月标委会又收到国标委农业食品部转发的农业部办公厅“关于建议修改完善国家标准《有机-无机复混肥料》（GB 18877—2009）的函”后（下简称建议），就建议中的内容，标委会秘书长刘刚等两名同志专门到京一并拜访了农业部种植业管理司耕地与肥料管理处和全国农技中心土壤与肥科技术处，并先后走访和联系了中国腐植酸协会、沈阳农大、南京农大、中国农科院等单位的国内知名专家，收集了各方意见，查阅了国内外的有关技术资料。2010 年5 月，为了更广泛听取各方意见，起草单位组织召开来自行业管理、农技推广、科研院所、生产经销企业、质检机构等各相关部门的标委会委员和业内专家共 64 位代表参加的研讨会，认真研究建议中所提内容。考虑到生产非腐植酸型有机-无机复混肥料企业渴望新修订标准出台的迫切性，必须搁置争议，标委会与起草单位决定删除第一修订的标准报批稿中所有与腐植酸相关的内容，将报批稿修改稿上报了国标委，建议以后另外制定添加腐植酸的复混肥料标准。2010 年 8 月，标委会得知国标委农业食品部与农业部种植业管理司相关人员进行了及时沟通，并了解到农业部种植业管理司对该标准的主要意见集中在Ⅲ型产品上，标委会与标准起草单位立即就此进行了沟通，删除第一次修订的标准报批稿中的Ⅲ型产品及其要求，在范围中增加“本标准不适用于添加腐植酸的有机-无机复混肥料”，以后这类产品另行制定标准，将酸碱度（pH 值）修改为 5.5～8.0。标委会将报批稿再次修改后上报了国标委。2011 年5 月，收到国标委农业食品部农业处转发的农业部意见，为了让标准尽早实施，我们搁置争议，采纳了农业部的全部意见。

2011 年 9 月将修改后的标准稿版本发给标委会委托及相关单位中的审查人员 92 人，在规定日期内收到回函 42 份，起草小组整理了反馈意见，再次进行了修改。按照国标委农业食品部农业处的要求，全国肥料和土壤调理剂标准化技术委员会于 2011 年 12 月 2 日向农业部种植业管理司发送了“关于征求 GB 18877《有机-无机复混肥料》报批稿修改稿意见的函”（肥标委字［2011］第 026 号），在函中给定的 2011 年 12 月 19 日前，未收到农业部种植业管理司的书面回复，SAC/TC 105 认为农业部种植业管理司对该标准修改稿无异议，并向国标委报送了标准报批稿修改稿。

四、主要内容说明

1 范围

规定了有机-无机复混肥料的技术要求、试验方法、检验规则、标识、包装、运输和贮存。

本次修订将标准的适用范围规定如下：

本标准适用于以人及畜禽粪便、动植物残体、农产品加工下脚料等有机物料经过发酵，进行无害化处理后，添加无机肥料制成的有机-无机复混肥料。本标准不适用于添加腐植酸的有机-无机复混肥料。

2 要求

考虑到 GB 18877—2002《有机-无机复混肥料》国家标准 2003 年 6 月 1 日实施以来各大中型企业、各地质检机构及行业协会等各界对标准的反馈，对 2002 版标准的产品指标做了些调整，主要是将产品分为Ⅰ、Ⅱ、Ⅲ型。具体内容见表 1。

表 1 有机-无机复混肥料要求的调整表

项目[a]		指标		
		Ⅰ型	Ⅱ型	Ⅲ型
总养分($N+P_2O_5+K_2O$)的质量分数[b]/%	≥	15.0	25.0	30.0
水分(H_2O)的质量分数/%	≤	12.0	12.0	8.0
有机质的质量分数/%	≥	20	15	8
总腐植酸的质量分数[c]/%	≥	—	—	5
粒度(1.00 mm～4.75 mm 或 3.35 mm～5.60 mm)[d]/%	≥	70		
酸碱度(pH)		4.0～8.0		
蛔虫卵死亡率/%	≥	95		
大肠菌值	≥	10^{-1}		
氯离子的质量分数[e]/%	≤	3.0		

[a] 砷、镉、铅、铬、汞及其化合物的质量分数的要求见 GB 23349 肥料中重金属元素生态指标。

[b] 标明的单一养分含量不得低于 2.0%，且单一养分测定值与标明值负偏差的绝对值不得大于 1.0%。

[c] 对于在包装容器上标明含腐植酸的产品，需采用 5.8 总腐植酸的测定中的方法测定总腐植酸的质量分数。

[d] 指出厂检验结果。当用户对粒度有特殊要求时，可由供需双方协商解决。

[e] 如产品氯离子含量大于 3.0%，并在包装容器上标明“含氯”，该项目可不做要求。标称硫酸钾(型)、硝酸钾(型)、硫基等容易导致用户误认为不含氯的产品，不可在包装容器上标明“含氯”。

最终的标准修改稿版本充分考虑了农业部的意见，将产品分为Ⅰ、Ⅱ型。具体要求见表2：

表2 有机-无机复混肥料的要求

项目		指标	
		Ⅰ型	Ⅱ型
总养分（$N+P_2O_5+K_2O$）的质量分数[a]/%	≥	15.0	25.0
水分（H_2O）的质量分数[b]/%	≤	12.0	12.0
有机质的质量分数/%	≥	20	15
粒度（1.00 mm～4.75 mm 或 3.35 mm～5.60 mm）[c]/%	≥	70	
酸碱度（pH）		5.5～8.0	
蛔虫卵死亡率/%	≥	95	
粪大肠菌群数/（个/g）	≤	100	
氯离子的质量分数[d]/%	≤	3.0	
砷及其化合物的质量分数（以As计）/%	≤	0.005 0	
镉及其化合物的质量分数（以Cd计）/%	≤	0.001 0	
铅及其化合物的质量分数（以Pb计）/%	≤	0.015 0	
铬及其化合物的质量分数（以Cr计）/%	≤	0.050 0	
汞及其化合物的质量分数（以Hg计）/%	≤	0.000 5	

[a] 标明的单一养分含量不得低于3.0%，且单一养分测定值与标明值负偏差的绝对值不得大于1.5%。

[b] 水分以出厂检验数据为准。

[c] 指出厂检验数据，当用户对粒度有特殊要求时，可由供需双方协议确定。

[d] 如产品氯离子含量大于3.0%，并在包装容器上标明“含氯”，该项目可不做要求。

（1）总养分、水分和有机质

修订时考虑到各界反映原国家标准中有机质含量要求偏高、水分偏严的意见，此次对有机-无机复混肥料产品进行了分型。Ⅰ型指标中有机质和总养分含量同原国家标准，水分指标由10.0%调整为12.0%；Ⅱ型指标中对有机质的要求较Ⅰ型指标低，且Ⅱ型指标主要考虑烟草专用肥；Ⅲ型指标原主要考虑到有机质含量较低的腐植酸肥料以及用城镇垃圾为有机质来源的有机-无机复混肥料。最终的标准版本考虑到农业部的意见，去掉了Ⅲ型产品。

（2）粒度

增加了当用户对粒度有特殊要求时，可由供需双方协商解决的说明。粒度的测定方法直接采用GB/T 24891中的方法。

（3）酸碱度

标准修订时，根据中国部分地区土壤碱性较高的现状，酸碱度指标此次修订由 5.5～8.0 调整为 4.0～8.0。工作会议上有企业提出对于一些生物发酵提取氨基酸工艺生产的有机-无机复混肥料产品 pH 值较低，希望能将指标降低为≥3.0，与会的不少标委会委员及农学专家则认为，我国由于大量施用化肥，目前土壤酸化情况比较严重，pH 值<4.0 存在对农作物造成不良后果的可能性，应待有相关农学评价结果出来后再考虑降低 pH 值。最终的标准版本中，酸碱度维持 2002 年版标准要求的指标不变。

（4）砷、镉、铅、铬和汞镉及其化合物

修订时，直接采用了肥料中重金属元素生态指标国家标准（GB 23349）中的相关要求。最终的标准版本，维持 2002 年版标准中要求不变，即调整了铅及其化合物的质量分数指标。

（5）氯离子含量

原标准采用的是 GB 15063—2009 中附录 B 的 B.2，考虑到专家提出的意见，最终的标准版本改为采用 GB/T 24890—2010 中的方法。

（6）卫生指标

最终的标准版本采纳了农业部的意见，蛔虫卵死亡率测定采用 GB/T 19524.2 中的方法。对于大肠菌值，将该要求改为“粪大肠菌群数”，测定方法采用GB/T 19524.1 中的方法。

3　关于试验方法

1）有机-无机复混肥料中总氮含量的测定采用按 GB/T 17767.1《有机-无机复混肥料的测定方法　第 1 部分：总氮含量》或 GB/T 22923—2008《肥料中氮、磷、钾的自动分析仪测定法》中 3.1 的规定进行。以 GB/T 17767.1 中的方法为仲裁法，此次修订增加了自动分析仪测定法。

2）有效五氧化二磷含量的测定采用 GB/T 8573 中的方法。

3）总氧化钾含量的测定采用 GB/T 17767.3 中的方法。

4）水分测定采用按 GB/T 8577 或 GB/T 8576 进行，以卡尔·费休法为仲裁法。此次修订增加了真空烘箱作为测定水分的方法。

5）有机质含量的测定采用重铬酸钾容量法，用一定量的重铬酸钾和硫酸溶液，在加热条件下，使有机-无机复混肥料中的有机碳氧化，剩余的重铬酸钾溶液用硫酸亚铁（或硫酸亚铁铵）标准滴定溶液滴定，同时作空白试验。根据氧化前后氧化剂消耗量，计算出有机碳含量，将有机碳含量乘以经验常数 1.724 转算为有机质。

6）粒度测定采用国标 GB/T 24891 中的方法。

7）酸碱度测定采用 pH 酸度计法。

8）最终的标准版本采纳了农业部的意见，将蛔虫卵死亡率的测定方法由原来的GB/T 7959—1987中附录B中的方法修改为按照GB/T 19524.2中的方法。

9）最终的标准版本采纳了农业部的意见，将原标准中采用GB/T 7959—1987中附录A中的方法测定“大肠菌值”修订为按照GB/T 19524.1中的方法测定“粪大肠菌群数”。

10）氯离子含量的测定采用GB/T 24890—2010中的方法，同时将2002版标准的第1号修改单的内容纳入新标准文本内。

11）砷、镉、铅、铬和汞含量的测定采用按GB/T 23349肥料中砷、镉、铅、铬、汞生态指标中的方法。

4 检验规则

检验类别和检验项目这部分内容修改如下：

产品检验包括出厂检验和型式检验，表1中蛔虫卵死亡率、粪大肠菌群数、氯离子、砷、镉、铅、铬、汞含量测定为型式检验项目，其余为出厂检验项目。型式检验项目在下列情况时，应进行测定：

1）正式生产时，原料、工艺及设备发生变化；

2）正式生产时，定期或积累到一定量后，应周期性进行一次检验；

3）国家质量监督机构提出型式检验的要求时。

5 标识

标识应符合以下要求：

应在产品包装容器正面标明产品类别（如Ⅰ型、Ⅱ型）、配合式、有机质含量。产品如含有硝态氮，应在包装容器正面标明“含硝态氮”。标称硫酸钾（型）、硝酸钾（型）、硫基等容易导致用户误认为不含氯的产品不应同时标明“含氯”。含氯的产品应用汉字在正面明确标注“含氯”，而不是“氯”、“含Cl”或“Cl”等。标明“含氯”产品的包装容器上不应有忌氯作物的图片。每袋净含量应标明单一数值，如50 kg。其余应符合GB 18382。

6 包装、运输和贮存

与复混肥料国家标准（GB 15063—2009）保持一致，内容如下：

产品用塑料编织袋内衬聚乙烯薄膜袋或涂膜聚丙烯编织袋包装，在符合GB 8569中规定的条件下宜使用经济实用型包装。产品每袋净含量（50±0.5）kg、（40±0.4）kg、（25±0.25）kg、（10±0.1）kg，平均每袋净含量分别不应低于50.0 kg、40.0 kg、25.0 kg、10.0 kg。当用户对每袋净含量有特殊要求时，可由供需双方协商解决，以双方合同规定为准。在标明的每袋净含量范围内的产品中有添加物时，应与原物料混合均匀，不得以小包装形式放入包装袋中。产品应贮存于阴凉干燥处，在运输过程中应防雨、防潮、防晒、防破裂。

7 标准的属性

有机-无机复混肥料是我国化肥产品的主要品种之一，为了规范市场以及保护农民利益，产品标准中第4章(要求)、第6章(检验规则)、第7章(标识)和第8章(包装、运输和贮存)中的8.1和8.2条款为强制性条款，标准中的其他章节为推荐性条款。

8 采标情况

该产品在国外无对应标准。有机-无机复混肥料中总氮含量测定中的硫酸-混合催化剂法非等效采用美国公职分析家协会分析方法手册(AOAC)(1984)中2.061“肥料中总氮含量的测定方法——改进的综合定氮法”；总氮含量测定中硫酸-过氧化氢氧化法非等效采用前苏联国家标准 ГОСТ 26715：1985《有机肥料总氮含量的测定方法》中的硫酸-过氧化氢氧化法。总钾含量测定法非等效采用美国公职分析家协会分析方法手册(AOAC)(1984)和日本肥料分析方法(1982)中，以硝酸-高氯酸分解法制备试样溶液；非等效采用前苏联国家标准 ГОСТ 26718：1985 中以硫酸-过氧化氢分解法制备试样溶液，以火焰光度法测定有机-无机复混肥料中钾含量(K_2O)小于2%的总钾含量；非等效采用 ISO 5318：1983《肥料　钾含量测定　四苯硼钾重量法》测定有机-无机复混肥料中钾含量(K_2O)大于等于2%的总钾含量。氯离子含量的测定方法采用复混肥料国家标准中的方法。砷、镉、铅、铬和汞含量的测定和指标采用肥料中砷、镉、铅、铬、汞生态指标国家标准中的方法与指标。有机质含量的测定也没有国际标准，前苏联 ГОСТ 27980：1988 以及法国标准 U44-161 均采用重铬酸钾容量法测定有机肥料中有机质的含量。本标准采用重铬酸钾容量法。

第三章　GB 18877—2009
《有机-无机复混肥料》条文释义

前　　言

本标准第4章、第6章、第7章和第8章中8.1、8.2为强制性条款，其余为推荐性条款。

本标准代替GB 18877—2002《有机-无机复混肥料》。

本版与GB 18877—2002的主要差异是：

——进一步明确了范围；

——将有机-无机复混肥料产品分为Ⅰ型、Ⅱ型并分别规定了指标；

——水分测定增加了GB/T 8576《复混肥料中游离水含量测定　真空烘箱法》；

——“大肠菌值”改为“粪大肠菌群数”，按GB/T 19524.1进行测定；

——蛔虫卵死亡率改为按GB/T 19524.2进行测定；

——细化了产品包装标识的规定。

自本标准实施之日起，有机-无机复混肥料产品应执行本标准；标准实施之日六个月后，市场上有机-无机复混肥料产品外包装禁止标注GB 18877—2002。

本标准由中国石油和化学工业联合会提出。

本标准由全国肥料和土壤调理剂标准化技术委员会(SAC/TC 105)归口。

本标准起草单位：深圳市芭田生态工程股份有限公司。

本标准参与起草单位：国家化肥质量监督检验中心(上海)、中肥(河源)农资有限公司、湖南金叶肥料有限责任公司。

本标准主要起草人：刘刚、黄培钊、范宾、王以拉、黄清明、朱朝霞、肖汉乾。

本标准所代替标准的历次版本发布情况为：

——GB 18877—2002。

本章说明了本标准是条文强制性标准。按照前言的规定，标准中的要求(第4章)、检验规则(第6章)、标识(第7章)以及包装、运输和贮存(第8章)中的8.1和8.2条款是强制性条款，必须要执行，其余部分是推荐性条款，企业可以根据自身的具体情况来参考执行。

1 范围

本标准规定了有机-无机复混肥料的要求、试验方法、检验规则、标识、包装、运输和贮存。

本条是对 GB 18877—2009 的简介，概括了 GB 18877—2009 的基本内容。

本标准适用于以人及畜禽粪便、动植物残体、农产品加工下脚料等有机物料经过发酵，进行无害化处理后，添加无机肥料制成的有机-无机复混肥料。本标准不适用于添加腐植酸的有机-无机复混肥料。

本条是指 GB 18877—2009 适用的对象。一些常见的有机肥源有：动物性废弃物（骨粉、血粉和皮革粉等）、作物秸秆、动物粪便、饼肥、绿肥和甘蔗渣等。

本条还指出有机-无机复混肥料须经过发酵和无害化处理，这样就没有虫卵，不会导致细菌产生，可有效地减少病虫害的发生，进而减少对农药的使用量，可保证作物的无公害。这是因为发酵过程可降低有机肥的碳氮比值使其逐步达到稳定，避免直接施用造成微生物大量繁殖而危害作物，而且微生物分解有机物的矿化作用可增进肥效。另外腐熟可以改善材料的物理性，如坚硬强韧的稻草秸秆、味道难闻的畜禽粪便等，经腐熟后变得较柔软、松散，味道也可改善，同时也可减少有机物分解时产生的有害成分。

2 规范性引用文件

下列文件对于本文件的应用是必不可少的。凡是注日期的引用文件，仅注日期的版本适用于本文件。凡是不注日期的引用文件，其最新版本（包括所有的修改单）适用于本文件。

GB/T 6679　固体化工产品采样通则

GB/T 8170—2008　数值修约规则与极限数值的表示和判定

GB 8569　固体化学肥料包装

GB/T 8573　复混肥料中有效磷含量的测定

GB/T 8576　复混肥料中游离水含量的测定　真空烘箱法

GB/T 8577　复混肥料中游离水含量的测定　卡尔·费休法

GB/T 17767.1　有机-无机复混肥料的测定方法　第1部分：总氮含量

GB/T 17767.3　有机-无机复混肥料的测定方法　第3部分：总钾含量

GB 18382　肥料标识　内容和要求
GB/T 19524.1　肥料中粪大肠菌群的测定
GB/T 19524.2　肥料中蛔虫卵死亡率的测定
GB/T 22923—2008　肥料中氮、磷、钾的自动分析仪测定法
GB/T 23349　肥料中砷、镉、铅、铬、汞生态指标
GB/T 24890—2010　复混肥料中氯离子含量的测定
GB/T 24891　复混肥料粒度的测定
HG/T 2843　化肥产品　化学分析常用标准滴定溶液、标准溶液、试剂溶液和指示剂溶液

所列的引用标准中，GB 8569—2009《固体化学肥料包装》和 GB 18382—2001《肥料标识　内容和要求》为强制性标准。其余的引用标准均为推荐性标准(同时在该标准中也未作条文强制)，使用者可以根据执行时的具体情况自行掌握。例如：原来使用 GB/T 601—2002《化学试剂　标准滴定溶液的制备》的生产单位，如该单位生产的产品除有机-无机复混肥料外还有其他化工产品，仍可以使用这项标准，以减少按不同标准重复配制同种标准溶液的麻烦，而可以不使用本标准所引用的 HG/T 2843—1997《化肥产品　化学分析中常用标准滴定溶液》。

已停止使用的标准不应代替该标准中的引用标准。例如：在有效磷分析方面，不应使用 GB 15063—1994《复混肥料(复合肥料)》中的分析方法来代替 GB/T 8573—2010《复混肥料中有效磷含量的测定》。

所列的引用标准中 GB/T 8170—2008《数值修约规则与极限数值的表示和判定》、GB/T 22923—2008《肥料中氮、磷、钾的自动分析仪测定法》和 GB/T 24890—2010《复混肥料中氯离子含量的测定》为注日期引用，因为本标准引用的是 GB/T 8170—2008 中的“修约值比较法”、GB/T 22923—2008 中的 3.1 以及 GB/T 24890—2010 中的部分分析步骤、结果表述和允许差等内容。其他不注日期引用的标准，请注意使用标准的最新有效版本。

3　术语及定义

下列术语和定义适用于本文件。

3.1

肥料　fertilizer

以提供植物养分为其主要功效的物料。

植物养分目前仅指相关标准中所定义的大量元素、中量元素和微量元素，而加入土壤中用于改善土壤的物理和化学性质及其生物活性的物料属土壤调理剂，不属于肥料。

3.2

无机(矿物)肥料　inorganic (mineral) fertilizer

标明养分呈无机盐形式的肥料，由提取、物理和(或)化学工业方法制成。

绝大多数的化学肥料属于无机肥料，一般人们将无机肥料直接称化肥(化学肥料的简称)。它是以矿物、空气和水等为原料，经化学及机械加工制成的肥料。其特点是养分含量高、肥效快、施用和贮运方便。根据化学肥料中所含的某种主要养分而称为氮肥、磷肥、钾肥及微量元素肥料等。

3.3

有机肥料　organic fertilizer

主要来源于植物和(或)动物，施于土壤以提供植物营养为其主要功能的含碳物料。

从广义来说，一切含有有机物质，经发酵分解能释放出无机养分，供植物吸收利用的有机废弃物均可称为有机肥料。一般多将有机肥料称为农家肥料，主要是指在农村中收集、积制和栽种的肥料，如人畜粪尿、厩肥、堆肥和绿肥等。其特点是养分完全而含量低，肥效迟缓，并有改良土壤的作用。

3.4

复混肥料　compound fertilizer

氮、磷、钾三种养分中，至少有两种养分标明量的由化学方法和(或)掺混方法制成的肥料。

至少有两种养分是构成复混肥料的基础，否则属单一肥料。两种以上的单质肥料由化学方法合成，或由物理的掺混方法，以及在生产过程中既有化学反应，也有物理掺混而制成的产品，通称为复混肥料。

3.5

有机-无机复混肥料　organic-inorganic compound fertilizer

含有一定量有机肥料的复混肥料。

指在生产无机复混肥料过程中，加入一定量有机质而制成的肥料，其产品中既含有大量元素，也含有一定量的有机质。

3.6

总养分　total primary nutrient

总氮、有效五氧化二磷和总氧化钾之和，以质量分数计。

考虑到磷矿粉的肥效慢，而且其肥效与磷矿的性质、作物的特性及土壤的特性等因素有关，目前对其肥效有争议，故本标准测定有效磷含量而不是总磷。

为了避免引起市场混乱，不得将大量元素（N、P、K）、中量元素（Ca、Mg、S）、微量元素（B、Cu、Fe、Mn、Mo、Zn、Co）相加或大量元素与有机质、稀土元素等相加称为总养分。

4　要求

4.1　外观：颗粒状或条状产品，无机械杂质。

颗粒的形状由生产工艺条件所决定，团粒法、喷浆法等生产球状产品，挤压法生产圆柱状产品，对辊挤压法生产扁球状产品，压密法生产不规则粒状，都在本标准的允许范围。

所谓"机械杂质"是指与肥料颗粒不同的异物（如金属颗粒、砂石、塑料、玻璃和橡胶等），可以用肉眼辨别，不同颜色的肥料颗粒不属"机械杂质"。

4.2　有机-无机复混肥料应符合表1要求，并应符合标明值。

表1　有机-无机复混肥料的要求

项目		指标	
		Ⅰ型	Ⅱ型
总养分（$N+P_2O_5+K_2O$）的质量分数[a]/%	≥	15.0	25.0
水分（H_2O）的质量分数[b]/%	≤	12.0	12.0
有机质的质量分数/%	≥	20	15
粒度（1.00 mm～4.75 mm 或 3.35 mm～5.60 mm）[c]/%	≥	70	
酸碱度（pH）		5.5～8.0	
蛔虫卵死亡率/%	≥	95	
粪大肠菌群数/（个/g）	≤	100	
氯离子的质量分数[d]/%	≤	3.0	

表 1（续）

项目		指标	
		Ⅰ型	Ⅱ型
砷及其化合物的质量分数(以 As 计)/%	≤	0.005 0	
镉及其化合物的质量分数(以 Cd 计)/%	≤	0.001 0	
铅及其化合物的质量分数(以 Pb 计)/%	≤	0.015 0	
铬及其化合物的质量分数(以 Cr 计)/%	≤	0.050 0	
汞及其化合物的质量分数(以 Hg 计)/%	≤	0.000 5	

[a] 标明的单一养分含量不得低于 3.0%，且单一养分测定值与标明值负偏差的绝对值不得大于 1.5%。

[b] 水分以出厂检验数据为准。

[c] 指出厂检验数据，当用户对粒度有特殊要求时，可由供需双方协议确定。

[d] 如产品氯离子含量大于 3.0%，并在包装容器上标明“含氯”，该项目可不做要求。

总养分为总氮含量、有效五氧化二磷含量和总氧化钾含量之和，应为上述主要养分的测定值相加后再修约得出。

例如：某有机-无机复混肥料产品总氮、有效五氧化二磷、总氧化钾的测定值(省略百分号)分别为 5.56、4.07 和 5.30，总养分的计算应为：

(相加)5.56＋4.07＋5.30＝14.93；

(修约)14.93→14.9；

按Ⅰ型指标要求判为不合格。

而不是先修约再相加：

(修约)5.56→5.6、4.07→4.1、5.30→5.3；

(相加)5.6＋4.1＋5.3＝15.0；

按Ⅰ型指标要求判为合格。

判别总氮、有效五氧化二磷和氧化钾含量中某一单一养分是否合格的原则有以下 2 点：

1　单一养分在配合式中不能标小于 3 的数值，且测定值不能小于 2.95%。

例如：某产品养分配合式标有 10-2-5，其有效五氧化二磷标为“2”是不合格的。

另一产品养分配合式标有 8-3-7，其有效五氧化二磷测定值为 2.94%，修约后得出 2.9%同样为不合格产品。

2　单一养分的测定值不能小于“配合式中标明值－1.5”(用质量分数

表示)。

例如:某产品养分配合式为8-4-6,总氮含量允许下限为(8－1.5)%＝6.5%,其测定值为6.44%,修约后得到6.4%,为不合格。

以上2项中有一项不合格,即为不合格产品。

对于Ⅰ型产品,有机质指标为≥20%,测定值不能小于19.5%,否则就是不合格;对于Ⅱ型产品,有机质指标为≥15%,测定值不能小于14.6%,否则就是不合格。

粒度指标为≥70%。测定时可在1.00 mm～4.75 mm或3.35 mm～5.60 mm两个范围中选一个,或两个范围同时测定,有一个范围合格即为合格。此次修订增加了一个注,即表1的数值为指出厂检验数据,当用户对粒度有特殊要求时,可由供需双方协议确定。这样就解决了有些客户对有机-无机复混肥料产品有特殊粒度要求的问题。

氯离子的质量分数指标为≤3.0%,如果产品包装印有“含氯”标识,此项指标不受限制,不做氯含量测定,如包装上无“含氯”标识,则氯含量测定值不大于3.06%,即测定值修约后不大于3.0%为合格。

5 试验方法

警告——试剂中的重铬酸钾及其溶液具有氧化性,硫酸及其溶液、盐酸、硝酸银溶液和氢氧化钠溶液具有腐蚀性,相关操作应在通风橱内进行。本标准并未指出所有可能的安全问题,使用者有责任采取适当的安全和健康措施,并保证符合国家有关法规规定的条件。

5.1 一般规定

本标准中所用试剂、水和溶液的配制,在未注明规格和配制方法时,均应按HG/T 2843规定。

由于本章节为推荐性条款,所以HG/T 2843标准也可用其他有效标准如GB 601等代替。

5.2 外观

目测法。

要求样品中没有分布一定量的机械杂质。

5.3　水分测定

按 GB/T 8577 或 GB/T 8576 规定进行，以 GB/T 8577 中的方法为仲裁法。对于含碳酸氢铵以及其他在干燥过程中会产生非水分的挥发性物质的肥料应采用 GB/T 8577 中的方法测定。

本部分条文释义见本书第四章中第二节和第三节。

5.4　总氮的测定

按 GB/T 17767.1 或 GB/T 22923—2008 中 3.1 的规定进行，以 GB/T 17767.1 中的方法为仲裁法。

本部分条文释义见本书第四章中第四节和第九节。

5.5　有效五氧化二磷含量的测定

按 GB/T 8573 中规定进行。

本部分条文释义见本书第四章中第一节。

5.6　总氧化钾含量的测定

按 GB/T 17767.3 中规定进行。

本部分条文释义见本书第四章中第五节。

5.7　有机质含量的测定　重铬酸钾容量法

5.7.1　原理

用一定量的重铬酸钾溶液及硫酸，在加热条件下，使有机-无机复混肥料中的有机碳氧化，剩余的重铬酸钾溶液用硫酸亚铁（或硫酸亚铁铵）标准滴定溶液滴定，同时作空白试验。根据氧化前后氧化剂消耗量，计算出有机碳含量，将有机碳含量乘以经验常数 1.724 转算为有机质。

有机质含量的测定方法主要有重铬酸钾容量法和灼烧法等。灼烧法的原理是在高温条件下灼烧试样以除去有机质，灼烧前后试样的质量差作为有机质的含量。该法的优点在于可以直接用有机质的质量分数表示结果，不需将有机碳转算为有机质。该法的缺点是：对于有机-无机复混肥料，其中的许多化学肥料在高温下都会分解而产生干扰。例如，氯化铵、硫酸铵、硝酸铵、尿素、碳酸氢铵等。重铬酸钾容量法的原理是用重铬酸钾-硫酸溶液将试样中的有机质氧化成二氧化碳，再根据二氧化碳的含量计算有机质的含量。该法的优点是碳酸盐无干扰，各种单质形态的碳（石墨、碳和煤等）也无影响，因而可以获得相当准确的分析结果而又不需特殊的设备，操作简便、快速。该法的缺点是存在氯离子、亚铁、亚锰离子的干扰，但可以克服。综上所述，灼烧法干扰因素很多，难以克服，故标准中未采用此法，而是采用重铬酸钾容量法。前苏联标准 ГОСТ 27980:1988 以及法国标准 U 44-161 均采用重铬酸钾容量法测定有机肥料中有机质的含量。

关于加热温度不同的研究者有不同的看法，有的采用 200 ℃～230 ℃的电砂浴加热；有的采用电热板加热；还有些采用 170 ℃～180 ℃的油浴加热；有文献指出用 110 ℃加热法测定土壤有机质，因为用 180 ℃油浴加热法对含有各种高缩合度形态碳的土壤测定值偏高，而 110 ℃加热法在较低温度下不易氧化缩合形态碳。还有文献指出重铬酸钾容量法可用于测定泥煤、干鸡粪、皮屑和油籽饼中的有机物，若将反应温度限制在 100 ℃可以克服尿素干扰，而加热到 160 ℃时，测定结果中存在 10%～20%的尿素。因为尿素也是有机物，同样会作为有机物被重铬酸钾氧化，但它通常被视作无机肥料。另一方面，若采用高于 100 ℃的消煮温度，往往需要在油浴或其他介质浴中加热氧化，这样则样品易被油污染，而且对时间、温度等氧化条件要求严格。试验表明，100 ℃沸水浴中测定有机质可避免尿素对测定结果的干扰。

亚铁、亚锰离子的存在会影响结果。若有机-无机复混肥料中有亚铁、亚锰离子，由于有机肥料在混配以前一般都经过高温或晾晒消毒处理，而且造粒烘干过程的高温均会使亚铁、亚锰离子氧化变成高价离子，从而使其大大降低或消失。另一方面，根据亚铁、亚锰离子以及有机碳与重铬酸钾反应原理可知，约 19 个亚铁、亚锰离子消耗的重铬酸钾相当于 1 个有机碳消耗的重铬酸钾，那么，1.0%的亚铁、亚锰离子对有机碳的影响也仅为 0.05%左右，较允许差（1.0%）小得多，则可不予考虑。

试样中氯化物的存在可使测定结果偏高，因为氯化物也能够被重铬酸钾氧化。因此，在有机碳的测定中必须防止氯化物的干扰。丘林法建议在每一测定试样中加入粉状的硫酸银，硫酸银的加入也有利于提高氧化率，但是所加入的硫酸银仍不足以克服多于 1.2 mg 氯离子的干扰；有人建议用水洗除的方法加以克服，但这样使分析操作变得麻烦，又会淋失水溶性有机组分，也可能损失一部分有机-无机胶体，其结果并不理想；还有人提出用复合掩蔽剂（硫酸银和硫酸汞)来排除氯离子的干扰,但硫酸银和硫酸汞只能消除部分氯离子的干扰,而且氯化银和氯化汞沉淀物在高温下分解继续消耗重铬酸钾溶液,使测定结果产生误差。汞有一定的毒性且硫酸银的价格高,因而该法也不适合;还有一种方法是另外测定试样中的氯离子含量后,乘上一个系数进行校正,来计算有机碳的含量。综上所述,宜采用另测氯离子的方法,特别是对加入含氯离子的化学肥料后的有机-无机复混肥料。该法在氯离子与有机碳之比小于5∶1时适用。

由于直接测定或计算肥料中的有机质含量相当困难,而其中有机碳的含量可准确、精密地测定,一般测得有机碳的含量后,将有机碳乘以换算系数1.724转算为有机质的含量。1.724这个转算系数是假定土壤有机质含58%碳计算而来的。由于1.724已被厂家及用户普遍接受,故本标准仍沿用此系数,将测定出的有机碳转算为有机质。

5.7.2 试剂和材料

5.7.2.1 硫酸。

5.7.2.2 硫酸溶液:1+1。

5.7.2.3 重铬酸钾溶液:$c(\frac{1}{6}K_2Cr_2O_7)=0.8\ mol/L$。称取重铬酸钾39.23 g溶于600 mL~800 mL水中,加水稀释至1 L,贮于试剂瓶中备用。

5.7.2.4 重铬酸钾基准溶液:$c(\frac{1}{6}K_2Cr_2O_7)=0.250\ 0\ mol/L$。称取经120 ℃干燥4 h的基准重铬酸钾12.257 7 g,先用少量水溶解,然后转移入1 L量瓶中,用水稀释至刻度,混匀。

5.7.2.5 1,10-菲啰啉-硫酸亚铁铵混合指示液。

5.7.2.6 铝片:C.P.。

5.7.2.7 硫酸亚铁(或硫酸亚铁铵)标准滴定溶液:$c(Fe^{2+})=0.25\ mol/L$。称取硫酸亚铁($FeSO_4\cdot 7H_2O$)70 g{或硫酸亚铁铵[$(NH_4)_2SO_4\cdot FeSO_4\cdot 6H_2O$]100 g},溶于900 mL水中,加入硫酸20 mL,用水稀释至1 L(必要时过滤),摇匀后贮于棕色瓶中。此溶液易被空气氧化,故每次使用时应用重铬酸钾基准溶液标定。在溶液中加入两条洁净的铝片,可保持溶液浓度长期稳定。

硫酸亚铁(或硫酸亚铁铵)标准滴定溶液的标定:准确吸取25.0 mL重铬酸钾基准溶液于250 mL三角瓶中,加50 mL~60 mL水、10 mL硫酸溶液和1,10-菲啰啉-硫酸亚铁铵混合指示液3~5滴,用硫酸亚铁(或硫酸亚铁铵)标准滴定溶液滴定,被滴定溶液由橙色转为亮绿色,最后变为砖红色为终点。根据硫酸亚铁(或硫酸亚铁铵)标准滴定溶液的消耗量,计算其准确浓度 c_2,按式(1)计算:

$$c_2 = \frac{c_1 \times V_1}{V_2} \quad \cdots\cdots\cdots\cdots (1)$$

式中：

c_1 ——重铬酸钾基准溶液浓度的数值，单位为摩尔每升（mol/L）；

V_1——吸取重铬酸钾基准溶液体积的数值，单位为毫升（mL）；

V_2——滴定消耗硫酸亚铁（或硫酸亚铁铵）标准滴定溶液体积的数值，单位为毫升（mL）。

配制试剂和溶液应注意以下 2 点：

（1）硫酸亚铁（或硫酸亚铁铵）溶液易被空气氧化，故需贮存在棕色瓶中且每次使用时必须用重铬酸钾基准溶液标定。在溶液中加入 2 片洁净的铝片，可保持溶液浓度的长期稳定。标定时应作 5 次平行测定，取平行测定的算术平均值为测定结果。标定时所用的 V_1、V_2 须经体积校正和温度校正。

（2）配制重铬酸钾基准溶液时，可不必准确称取重铬酸钾 12.257 7 g，可在 12.2 g～12.3 g 范围内称重铬酸钾 xg，配制成 1L 溶液，此时该重铬酸钾基准溶液的浓度为 $x/12.2577 \times 0.2500$ mol/L。

5.7.3 仪器

5.7.3.1 通常用实验室仪器。

5.7.3.2 水浴锅。

通常实验室用仪器主要包括分析天平、滴定管、单标线吸管、量瓶和三角瓶等。

5.7.4 分析步骤

做两份试料的平行测定。

称取试样 0.1 g～1.0 g（精确至 0.000 1 g）（含有机碳不大于 15 mg），放入 250 mL 三角瓶中，准确加入 15.0 mL 重铬酸钾溶液和 15 mL 硫酸，并于三角瓶口加一弯颈小漏斗，然后放入已沸腾的 100 ℃沸水浴中，保温 30 min（保持水沸腾），取下，冷却后，用水冲洗三角瓶，瓶中溶液总体积应控制在75 mL～100 mL，加 3～5 滴 1,10-菲啰啉-硫酸亚铁铵混合指示液，用硫酸亚铁（或硫酸亚铁铵）标准滴定溶液滴定，被滴定溶液由橙色转为亮绿色，最后变成砖红色为滴定终点。同时按以上步骤进行空白试验。

称样量是根据有机碳的质量而不是有机质的质量来计算的，一般来说，称取的试样中有机碳质量不应大于 20 mg。消煮好的溶液颜色，一般应是黄色或黄中稍带绿色，如果以绿色为主，则说明称样量太大，有氧化不完全的可能。

在三角瓶中加入重铬酸钾溶液和硫酸时要小心，因为要用到浓硫酸，而且操作时应将硫酸加入到重铬酸钾溶液中。

由于使用的重铬酸钾-硫酸溶液的浓度较高，滴定终点的颜色变化与标准中的描述略有不同，消煮后溶液的颜色呈深橙色，滴定时溶液颜色由深橙色转为墨绿色，最后绿色消失变成深紫红色为滴定终点。

空白试验除不加试料外，所用试剂和试验步骤与测定时相同，并与测定同时进行，每次测定都要进行空白试验。空白试验也应做平行数据，取其平均值。

> 如果滴定试料所用硫酸亚铁（或硫酸亚铁铵）标准滴定溶液的用量不到空白试验所用硫酸亚铁（或硫酸亚铁铵）标准滴定溶液用量的 1/3 时，则应减少称样量，重新测定。

滴定试料所消耗的硫酸亚铁（或硫酸亚铁铵）标准滴定溶液的用量不到空白试验消耗量的 1/3 时，则有氧化不完全的可能，此时应减少称样量，重新测定。

> 关于氯离子干扰，按 5.12 测定氯离子含量 w_1（%），然后从有机碳测定结果中加以扣除。

氯离子与重铬酸根离子有如下反应：

$$6Cl^- + Cr_2O_7^{2-} + 14H^+ \longrightarrow 2Cr^{3+} + 3Cl_2 + 7H_2O \quad \cdots\cdots\cdots\cdots (a)$$

$$2Cr_2O_7^{2-} + 3C + 16H^+ \longrightarrow 4Cr^{3+} + 3CO_2 + 8H_2O \quad \cdots\cdots\cdots\cdots (b)$$

由上 2 式可知，每 1 mol $Cr_2O_7^{2-}$ 相当于 6 mol Cl^- 或 1.5 mol C，则 1 mol C 相当于 4 mol Cl^-，那么校正系数为：$C/4Cl^- = 12/(4 \times 35.5) \approx 1/12$。故校正式为：

$$w(\text{有机碳})\% = w(A) - 1/12 \times w(B) \quad \cdots\cdots\cdots\cdots\cdots\cdots (c)$$

式中：$w(A)$——为重铬酸钾容量法测得的有机碳质量分数，%；

$w(B)$——为待测试样中氯离子的质量分数，%。

> ### 5.7.5 分析结果的表述
>
> 有机质含量 w_2 的质量分数，数值以%表示，按式(2)计算：
>
> $$w_2 = \left[\frac{(V_3 - V_4) \times c_2 \times 0.003 \times 1.5}{m_0} \times 100 - w_1/12\right] \times 1.724 \quad \cdots\cdots(2)$$
>
> 式中：
>
> V_3 ——空白试验时，消耗硫酸亚铁（或硫酸亚铁铵）标准滴定溶液体积的数值，单位为毫升(mL)；

V_4 ——测定试料时，消耗硫酸亚铁（或硫酸亚铁铵）标准滴定溶液体积的数值，单位为毫升（mL）；

c_2 ——硫酸亚铁（或硫酸亚铁铵）标准滴定溶液浓度的数值，单位为摩尔每升（mol/L）；

0.003——四分之一碳的摩尔质量的数值，单位为克每毫摩尔（g/mmol）；

1.5 ——氧化校正系数；

w_1 ——试样中氯离子的含量（质量分数），%；

1/12 ——与1%氯离子相当的有机碳的质量分数；

1.724——有机碳与有机质之间的经验转换系数；

m_0 ——试料质量的数值，单位为克（g）。

计算结果表示到小数点后一位，取平行测定结果的算术平均值为测定结果。

测定及空白试验所消耗硫酸亚铁（或硫酸亚铁铵）标准滴定溶液的体积 V_3、V_4 必须要经过体积校正和温度校正。

重铬酸钾容量法不能将全部有机质氧化，所以要乘上一个氧化校正系数。此系数随测定时各项条件（如重铬酸钾-硫酸溶液的浓度、消煮温度和时间等）的不同而改变。我们用沸水浴法和灼烧法分别测定了不同种类有机肥料中的有机碳，以灼烧法为参照，计算出各种有机肥料的氧化校正系数，取几种有机肥料的氧化校正系数的平均值（保留2位有效数字）1.5作为有机-无机复混肥料中有机碳测定时的氧化校正系数。

5.7.6 允许差

平行测定结果的绝对差值不大于1.0%；

不同实验室测定结果的绝对差值不大于1.5%。

5.8 粒度测定 筛分法

按GB/T 24891中规定进行。

GB/T 24891—2010《复混肥料粒度的测定》的原理是用一定规格试验筛，将实验室样品分成不同粒径的颗粒，称量，计算质量分数。要求测定中所用的试验筛须经检定合格。

所用仪器为通常实验室用仪器、试验筛（GB 6003.1—1997中R40/3系列）、天平（感量为0.5 g）和振筛机。试验筛孔径为1.00 mm、4.75 mm或3.35 mm、5.60 mm的筛子，附盖和底盘；试验筛分为两套，1.00 mm与4.75 mm为一套，3.35 mm与5.60 mm为一套。要求测定中所用的试验筛须经检定合格。可以不使用振筛机而用人工筛分。

分析步骤要根据产品颗粒的大小，将筛子按 1.00 mm、4.75 mm 或 3.35 mm、5.60 mm 依次叠好装上底盘，称取本标准 6.5 中规定缩分的实验室样品约 200 g(精确至 0.5 g)，分别置于 4.75 mm 或 5.60 mm 筛子上，盖上筛盖，置于振筛机上，夹紧筛盖，振荡 5 min，或进行人工筛分。称量 1.00 mm～4.75 mm 或 3.35 mm～5.60 mm 的试料(精确至 0.5 g)，夹在筛孔中的试料作不通过此筛处理。若人工筛分时间同样为 5min。

分析结果：粒度 w 以粒径 1.00 mm～4.75 mm 或 3.35 mm～5.60 mm 的试料占全部试料的质量分数(%)计，按 GB/T 24891 中的公式(见下式)计算：

$$w=\frac{m_1}{m}\times 100\%$$

式中：

m_1——1.00 mm～4.75 mm 或 3.35 mm～5.60 mm 试料质量的数值，单位为克(g)；

m——试料质量的数值，单位为克(g)。

计算结果表示到小数点后一位。粒度测定为单样测定。

5.9 **酸碱度的测定 pH 酸度计法**

5.9.1 **原理**

试样经水溶解，用 pH 酸度计测定。

5.9.2 **试剂和溶液**

5.9.2.1 苯二甲酸盐标准缓冲溶液：$c(C_6H_4CO_2HCO_2K)=0.05$ mol/L。

称取 10.21 g 于 120 ℃干燥 2 h 的邻苯二甲酸氢钾($C_6H_4CO_2HCO_2K$)溶于不含二氧化碳的水，稀释至 1 000 mL。

5.9.2.2 磷酸盐标准缓冲溶液：$c(KH_2PO_4)=0.025$ mol/L，$c(Na_2HPO_4)=0.025$ mol/L。

称取 3.40 g 磷酸二氢钾(KH_2PO_4) 和磷酸氢二钠(Na_2HPO_4)，溶于不含二氧化碳的水，稀释至 1 000 mL。

5.9.2.3 硼酸盐标准缓冲溶液：$c(Na_2B_4O_7)=0.01$ mol/L。

称取 3.81 g 四苯硼酸钠($Na_2B_4O_7\cdot 10H_2O$)，溶于不含二氧化碳的水，稀释至 1 000 mL。

5.9.3 **仪器**

5.9.3.1 通常实验室用仪器。

5.9.3.2 pH 酸度计:灵敏度为 0.01 pH 单位。

本条例所用仪器须经检定合格。

5.9.4 **分析步骤**

做两份试料的平行测定。

称取试样 10.00 g 于 100 mL 烧杯中,加 50 mL 不含二氧化碳的水,搅动1 min,静置 5 min,用 pH 酸度计测定。测定前,用标准缓冲溶液对酸度计进行校验。

5.9.5 **分析结果的表述**

试样的酸碱度以 pH 值表示。

取平行测定结果的算术平均值为测定结果。

5.9.6 **允许差**

平行测定结果的绝对差值不大于 0.10 pH。

5.10 **蛔虫卵死亡率的测定**

按 GB/T 19524.2 的规定进行。

本部分条文释义见本书第四章第七节。

5.11 **粪大肠菌数的测定**

按 GB/T 19524.1 的规定进行。

本部分条文释义见本书第四章第六节。

5.12 **氯离子含量测定**

5.12.1 **原理**

试样在微酸性溶液中(若用沸水提取的试样溶液过滤后滤液有颜色,将试样和爱斯卡混合试剂混合,经灼烧以除去可燃物,并将氯转化为氯化物),加入过量的硝酸银溶液;使氯离子转化成为氯化银沉淀,用邻苯二甲酸二丁酯包裹沉淀,以硫酸铁铵为指示剂,用硫氰酸铵标准滴定溶液滴定剩余的硝酸银。

5.12.2 试剂和溶液

5.12.2.1 同 GB/T 24890—2010 中的试剂和材料。

5.12.2.2 硝酸银溶液:10 g/L。

5.12.2.3 活性炭。

5.12.2.4 爱斯卡混合试剂:将氧化镁与无水碳酸钠以 2∶1 的质量比混合后研细至小于 0.25 mm 并混匀。

5.12.3 仪器

5.12.3.1 通常实验室用仪器。

5.12.3.2 箱式电阻炉:温度可控制在(500±20)℃。

5.12.4 分析步骤

做两份试料的平行测定。

按 GB/T 24890—2010 中规定进行。

若滤液有颜色,应准确吸取一定量的滤液(含氯离子约 25 mg)加 2 g~3 g 活性炭,充分搅拌后过滤,并洗涤 3~5 次,每次用水约 5 mL,收集全部滤液于 250 mL 锥形瓶中,以下按 GB/T 24890—2010 的分析步骤中"加入 5 mL 硝酸溶液,加入 25.0 mL 硝酸银溶液……"进行测定。

对于活性炭无法脱色的样品,可减少称样量,称取 1 g~2 g 试样,将试料放入内盛 2 g~4 g(称准至 0.1 g)爱斯卡混合试剂的瓷坩埚中,仔细混匀,再用 2 g 爱斯卡混合试剂覆盖,将瓷坩埚送入(500±20)℃ 的箱式电阻炉内灼烧 2 h。将瓷坩埚从炉内取出冷却到室温,将其中的灼烧物转入250 mL 烧杯中,并用 50 mL~60 mL 热水冲洗坩埚内壁将冲洗液一并放入烧杯中。用倾泻法用定性滤纸过滤,用热水冲洗残渣 1~2 次,然后将残渣转移到漏斗中,再用热水仔细冲洗滤纸和残渣,洗至无氯离子为止(用 10 g/L 硝酸银溶液检验),所有滤液都收集到 250 mL 量瓶中,定容到刻度并摇匀。准确吸取一定量的滤液(含氯离子约 25 mg)于 250 mL 锥形瓶中,以下按 GB/T 24890—2010 的分析步骤中"加入5 mL 硝酸溶液,加入 25.0 mL 硝酸银溶液……"进行测定。

若滤液有颜色,是指滤液的颜色呈橙红色或其他深色,干扰滴定终点的判断,才需要加活性炭进行脱色。同时空白试验也需加活性炭。

若颜色较浅,或颜色不干扰滴定终点的判定,则可不加活性炭,免去过滤、洗涤活性炭的步骤。

活性炭要选有吸附和脱色能力的颗粒状活性炭,便于过滤、洗涤。

同时见本书第四章第十节 GB/T 24890—2010《复混肥料中氯离子含量的测定》条文解释。

> **5.12.5　分析结果的表述**
>
> 见 GB/T 24890—2010 中分析结果的计算。
>
> **5.12.6　允许差**
>
> 按 GB/T 24890—2010 中规定。
>
> **5.13　砷、镉、铅、铬和汞含量测定**
>
> 按 GB/T 23349 中规定进行。

本部分条文释义见本书第四章第八节和第十节。

> **6　检验规则**
>
> **6.1　检验类别及检验项目**
>
> 产品检验包括出厂检验和型式检验，表 1 中蛔虫卵死亡率、粪大肠菌群数、氯离子、砷、镉、铅、铬、汞含量测定为型式检验项目，其余为出厂检验项目。型式检验项目在下列情况时，应进行测定：
>
> a）　正式生产时，原料、工艺及设备发生变化；
>
> b）　正式生产时，定期或积累到一定量后，应周期性进行一次检验；
>
> c）　国家质量监督机构提出型式检验的要求时。

产品检验分出厂检验和型式检验。产品交货时必须进行的各项试验，称为出厂检验。对产品质量进行全面考核，即对标准中规定的技术要求全部检验，称为型式检验。

当出现本标准所列出的三种情况之一时，应对这些项目进行检验。

产品包装标有“含氯”标识时，可不进行氯离子含量检验。

> **6.2　组批**
>
> 产品按批检验，以一天或两天的产量为一批，最大批量为 500 t。

产品“批”的划分除按产量外，还应按生产线来确定。不同生产线的产品如果不在包装前混合，不能作为同一批。

6.3 采样方案

6.3.1 袋装产品

不超过 512 袋时，按表 2 确定最少采样袋数；大于 512 袋时，按式(3)计算结果确定最少采样袋数，如遇小数，则进为整数。

$$n = 3 \times \sqrt[3]{N} \qquad \cdots\cdots(3)$$

式中：

n——最少采样袋数；

N——每批产品总袋数。

表 2 采样袋数的确定

总袋数	最少采样袋数	总袋数	最少采样袋数
1～10	全部	182～216	18
11～49	11	217～254	19
50～64	12	255～296	20
65～81	13	297～343	21
82～101	14	344～394	22
102～125	15	395～450	23
126～151	16	451～512	24
152～181	17		

按表 2 或式(3)计算结果随机抽取一定袋数，用取样器沿每袋最长对角线插入至袋的 3/4 处，取出不少于 100 g 样品，每批采取总样品量不少于 2 kg。

本条是对袋装产品的取样方式所作的规定，当检验批的总袋数不超过 512 袋时，最少采样袋数由查表得出。

当检验批的总袋数超过 512 袋时，最少采样袋数由本条中的式(3)计算得出，计算结果若为小数时，进位到整数。如某批产品总袋数为 1 002 袋，通过式(3)计算得出最少取样袋数为 30.02。小数进位到整数。则最少应取 31 袋样品。

6.3.2 散装产品

按 GB/T 6679 规定进行。

GB/T 6679—2003《固体化工产品采样通则》是对散装产品的取样方式所作的规定，同时也适用于包装前的袋装产品。

> **6.4 样品缩分**
>
> 将采取的样品迅速混匀，用缩分器或四分法将样品缩分至不少于1 kg，再缩分成两份，分装于两个洁净、干燥的500 mL具有磨口塞的玻璃瓶或塑料瓶中，密封并贴上标签，注明生产企业名称、产品名称、产品类别、批号或生产日期、取样日期和取样人姓名。一瓶做产品质量分析，另一瓶保存两个月，以备查用。

本条规定了对抽取后的样品处理和包装方法。混合缩分过程应避免在潮湿的环境下进行，以免影响水分含量指标的测定。样品如需携带或运输，其包装容器应有足够的强度，以免破碎或变形。

> **6.5 试样制备**
>
> 由6.4中取一瓶样品，经多次缩分后取出约100 g(余下未研磨的样品供粒度测定用)，迅速研磨至全部通过1.00 mm孔径试验筛(如样品潮湿或很难粉碎，可研磨至全部通过2.00 mm孔径试验筛)，混匀，收集到干燥瓶中，作成分分析用。余下样品供粒度、蛔虫卵死亡率、粪大肠菌群数测定。

本条规定了在项目测定前对样品所做的处理。所取出的100 g样品在研磨过筛后要保持完整性，不可将难以过筛的残渣舍弃。试样在制备后应尽快进行检验。

本标准规定样品可通过2.00 mm筛，而不是复混肥料标准中规定的0.50 mm或1.00 mm筛，这是考虑到试样由于加入了纤维状有机质可能比较有韧性，另外加入有些有机质后可能会造成试样潮湿而成黏结状，这些都会造成试样难粉碎。

> **6.6 结果判定**
>
> 6.6.1 本标准中产品质量指标合格判定，采用GB/T 8170—2008中的“修约值比较法”。

按GB/T 8170—2008《数值修约规则与极限数值的表示和判定》对测定结果(以质量分数计)进行修约，修约到与标准中技术指标相同的有效位数，再进行比较，判定是否符合本标准要求。

> 6.6.2 检验项目的检验结果全部符合本标准要求时，判该批产品合格。
> 6.6.3 出厂检验时，如果检验结果中有一项指标不符合本标准要求时，应重新自2倍量的包装袋中采取样品进行检验，重新检验结果中，即使有一项指标不符合本标准要求，判该批产品不合格。

本标准要求中技术指标列有如下项目：总养分含量、氮、磷、钾单养分的含量，有机质含量、水分含量、粒度、酸碱度、蛔虫卵死亡率、粪大肠菌群数、氯离子含量、砷及其化合物、镉及其化合物、铅及其化合物、铬及其化合物、汞及其化合物。除标准要求中给出的可以不检项目的情况外，无论是出厂检验还是型式检验，只要检验中有一项指标不合格，就要从原取样袋数的2倍量袋中重新取样检验前次所检验的所有项目。其中有1项不合格则整批产品为不合格。

> 6.6.4 每批检验合格的出厂产品应附有质量证明书，其内容包括：生产企业名称、地址、产品名称、产品类别、批号或生产日期、产品净含量、总养分、配合式、有机质含量、氯离子含量、pH值和本标准编号。

产品质量证明书的要素中规定企业地址应符合GB 18382标准规定的地址，总养分含量为单养分含量的测量值相加后再修约，氮、磷、钾含量为测定值修约，以百分数计，均保留小数点后一位。有机质含量以百分数计，保留到整数位。

> ## 7 标识
>
> 7.1 应在产品包装容器正面标明产品类别（如Ⅰ型、Ⅱ型）、配合式、有机质含量。
> 7.2 产品如含有硝态氮，应在包装容器正面标明“含硝态氮”。
> 7.3 标称硫酸钾（型）、硝酸钾（型）、硫基等容易导致用户误认为不含氯的产品不应同时标明“含氯”。含氯的产品应用汉字在正面明确标注“含氯”，而不是“氯”、“含Cl”或“Cl”等。标明“含氯”的产品的包装容器上不应有忌氯作物的图片。
> 7.4 产品外包装袋上应有使用说明，内容包括：警示语（如“氯含量较高，使用不当会对作物造成伤害”等）、使用方法、适宜作物及不适宜作物、建议使用量等。
> 7.5 每袋净含量应标明单一数值，如50 kg。
> 7.6 其余应符合GB 18382。

本条为强制性条款。

标有“含氯”的产品不做技术指标中“氯离子的质量分数”项目考核。

8 包装、运输和贮存

8.1 产品用塑料编织袋内衬聚乙烯薄膜袋或涂膜聚丙烯编织袋包装，在符合GB 8569中规定的条件下宜使用经济实用型包装。产品每袋净含量(50±0.5)kg、(40±0.4)kg、(25±0.25)kg、(10±0.1)kg，平均每袋净含量分别不应低于50.0 kg、40.0 kg、25.0 kg、10.0 kg。当用户对每袋净含量有特殊要求时，可由供需双方协商解决，以双方合同规定为准。

本条为强制性条款，规定了有机-无机复混肥料的包装材料要符合GB 8569—2009《固体化学肥料包装》的规定。

8.2 在标明的每袋净含量范围内的产品中有添加物时，应与原物料混合均匀，不得以小包装形式放入包装袋中。

本条为强制性条款，在标准规定的净含量范围内，大包装产品不得附带小包装。

例如，某产品大包装内有小包添加物，大包装标示的净含量为50 kg，其中小包装的质量约5 kg，大包装内的其余部分肥料质量约45 kg，总质量达到50 kg，这种情况不符合本条要求。若标明的净含量为40 kg，在这40 kg以外附送小包装，不违反本条。

8.3 产品应贮存于阴凉干燥处，在运输过程中应防雨、防潮、防晒、防破裂。

本条规定了贮运过程的一般要求。

第四章　GB 18877—2009《有机-无机复混肥料》部分引用标准条文释义

第一节

GB/T 8573—2010《复混肥料中有效磷含量的测定》条文释义

GB/T 8573—2010《复混肥料中有效磷含量的测定》是复混肥料试验方法系列标准之一，本标准是 GB/T 8573—1999《复混肥料中有效磷含量测定》的修订版。

本标准与前版的主要差异是：根据标准化工作的相关规则，对标准的格式进行了重新编写。在 GB/T 18877—2009 中 5.5 按此测定方法进行有效五氧化二磷含量的测定。

1　范围

本标准规定了复混肥料中水溶性磷和有效磷含量的提取和测定方法，并规定了水溶性磷占有效磷百分率的计算方法。

本标准适用于含磷的复混肥料（包括掺混肥料），不适用于磷酸铵、硝酸磷肥、磷酸二氢钾等以化学方法合成的复合肥料。

本标准是配合 GB 15063—2009《复混肥料（复合肥料）》标准而修订，适用于复混肥料（复合肥料）。经实验验证，有机质的存在不会干扰有效磷含量的测定，所以本标准同样适用于有机-无机复混肥料产品中有效磷含量的测定。

2　规范性引用文件

下列文件中的条款通过本标准的引用而成为本标准的条款。凡是注日期的引用文件，其随后所有的修改单（不包括勘误的内容）或修订版均不适用于本标准，然而，鼓励根据本标准达成协议的各方研究是否可使用这些文件的最新版本。凡是不注日期的引用文件，其最新版本适用于本标准。

GB/T 8571　复混肥料　实验室样品制备

HG/T 2843　化肥产品　化学分析常用标准滴定溶液、标准溶液、试剂溶液和指示剂溶液

引用的两项标准都是推荐性标准，目前两项标准的最新版本分别为GB/T 8571—2008和HG/T 2843—1997，使用者可根据实际情况使用其最新版本或其他相关标准。HG/T 2843—1997也可用GB/T 601系列标准代替。

3　原理

用水和乙二胺四乙酸二钠（EDTA）溶液提取复混肥料中水溶性磷和有效磷，提取液中正磷酸根离子在酸性介质中与喹钼柠酮试剂生成黄色磷钼酸喹啉沉淀，用磷钼酸喹啉重量法测定磷的含量。

磷钼酸喹啉重量法是测定肥料中磷含量的经典方法，我国肥料中磷含量测定的仲裁法都采用该方法。

肥料中的磷可分为水溶性磷、有效磷和总磷，通常说的磷含量是指有效磷的含量，即能被农作物所吸收利用的磷。本标准规定了复混肥料中水溶性磷和有效磷含量的提取和测定方法，根据GB 18877—2009《有机-无机复混肥料》国家标准，对于有机-无机复混肥料，只需测定其中的有效磷含量。

4　试剂和材料

本标准中所用试剂、溶液和水，在未注明规格和配制方法时，均应符合HG/T 2843的规定。

4.1　乙二胺四乙酸二钠（EDTA）溶液，37.5 g/L；

称取37.5 g EDTA于1 000 mL烧杯中，加入少量水溶解，用水稀释至1 000 mL，混匀。

4.2　喹钼柠酮试剂；

4.3　硝酸溶液，（1+1）。

喹钼柠酮试剂的配置可参见HG/T 2843—1997中7.41，具体配制步骤为：

溶液a：将70 g钼酸钠（$Na_2MoO_4 \cdot 2H_2O$）置于400 mL烧杯中，加入100 mL水溶解。

溶液b：将60 g柠檬酸（$C_6H_8O_7 \cdot H_2O$）置于1L烧杯中，加入100 mL水溶解后，加85 mL硝酸。

溶液c：将溶液a加到溶液b中，混匀。

溶液d：混合35 mL硝酸和100 mL水在400 mL烧杯中，并加5 mL喹啉，混匀。

将溶液d加入溶液c中，混匀，静置一夜，用滤纸或棉花过滤，向滤液中加入280 mL丙酮，用水稀释至1L。混匀，溶液贮存在聚乙烯瓶中，放于暗处，避光、避热。

喹钼柠酮试剂受光后若溶液呈浅蓝色，可加入溴酸钾溶液(10 g/L)至颜色消失为止。

受试剂喹啉的影响，喹钼柠酮试剂的颜色有时呈淡黄色、有时呈橘红色，但不影响使用效果。

5 仪器

5.1 通常实验室用仪器；

5.2 电热恒温干燥箱，温度能维持180 ℃±2 ℃；

5.3 玻璃坩埚式滤器，4号，容积30 mL；

5.4 恒温水浴振荡器，能控制温度60 ℃±2 ℃的往复式振荡器或回旋式振荡器。

这里用到的通常实验室仪器包括：

分析天平、瓷蒸发皿、250 mL量瓶、研磨棒、玻璃漏斗、小烧杯、洗瓶、400 mL高型烧杯或牛奶烧杯、电炉、量筒或量杯(10 mL和250 mL)、单标线吸管(25 mL)和抽滤装置等。

6 分析步骤

做两份试料的平行测定。

两份试料的平行测定是指从称样开始就要称取两份，而不是称取一份，测定时再吸取两份溶液进行操作。

6.1 实验室样品制备

按GB/T 8571制备供分析用的实验室样品(通称试样)。

6.2 试样称量

称取含有100 mg～200 mg五氧化二磷的试样，精确至0.000 2 g。

例如，标示值为含五氧化二磷为15%的肥料，可以称取0.7 g～1.3 g试样。称样质量太小，引入的相对误差大；称样质量太大，有可能沉淀不完全，导致结果偏低。

> **6.3　水溶性磷的提取**
>
> 按6.2要求称取试样，置于75 mL的瓷蒸发器中，加25 mL水研磨，将清液倾注过滤于预先加入5 mL硝酸溶液的250 mL量瓶中。继续用水研磨三次，每次用25 mL水，然后将水不溶物转移到滤纸上，并用水洗涤水不溶物，待量瓶中溶液达200 mL左右为止。最后用水稀释至刻度，混匀，即为溶液A，供测定水溶性磷用。

对于有机-无机复混肥料，水溶性磷的测定与否可自行决定，因GB 18877—2009标准中未规定此项指标。

操作时请注意量瓶中溶液要达到200 mL左右再停止洗涤，以免水溶性磷提取不完全。

洗涤完的滤纸上剩余的水不溶物连同滤纸一同弃去，测定有效磷时应另外称样。

> **6.4　有效磷的提取**
>
> 按6.2要求，另外称取试样置于滤纸上，用滤纸包裹试样，塞入250 mL量瓶中，加入150 mL EDTA溶液，塞紧瓶塞，摇动量瓶使滤纸破碎、试样分散于溶液中，置于60 ℃±2 ℃的恒温水浴振荡器(5.4)中，保温振荡1 h(振荡频率以量瓶内试样能自由翻动即可)。然后取出量瓶，冷却至室温，用水稀释至刻度，混匀。干过滤，弃去最初部分滤液，即得溶液B，供测定有效磷用。

试样可以称在滤纸上，也可以在量瓶口加上梨形漏斗，还可以直接称入量瓶中。如果用滤纸包裹试样，加入EDTA溶液后，应摇动使滤纸散开，再置于振荡器上振荡，以免提取不完全。如果不用滤纸包裹，使用的量瓶应事先作干燥处理，加入EDTA溶液后也应立即摇动，以免粘底，影响测定结果。

干过滤用的漏斗和承接滤液的烧杯应是干燥的。

> **6.5　水溶性磷的测定**
>
> 用单标线吸管吸取25 mL溶液A，移入500 mL烧杯中，加入10 mL硝酸溶液，用水稀释至100 mL。在电炉上加热至沸，取下，加入35 mL喹钼柠酮试剂，盖上表面皿，在电热板上微沸1 min或置于近沸水浴中保温至沉淀分层，取出烧杯，冷却至室温。

加硝酸溶液酸化是防止溶液中的钙离子与磷酸盐生成沉淀，引起正偏差。加热至沸和微沸1 min是促使正磷酸根离子的生成。

用预先在 180 ℃±2 ℃干燥箱内干燥至恒重的玻璃坩埚式滤器(5.3)过滤，先将上层清液滤完，然后用倾泻法洗涤沉淀 1～2 次，每次用 25 mL 水，将沉淀移入滤器中，再用水洗涤，所用水共 125 mL～150 mL，将沉淀连同滤器置于 180 ℃±2 ℃干燥箱内，待温度达到 180 ℃后，干燥 45 min，取出移入干燥器内，冷却至室温，称量。

空坩埚从烘箱中取出后要放在干燥器中冷却，冷却后应立即称量。干燥至恒重的坩埚是指两次称量的绝对差值不大于 0.000 3 g。转移沉淀时要小心，不要有损失。烘干沉淀时要从干燥箱温度达到 180 ℃时开始计时，干燥 45 min，时间稍长也可，冷却的时间和条件应与坩埚恒重时一致。

6.6 有效磷的测定

用单标线吸管吸取 25 mL 溶液 B，移入 500 mL 烧杯中，加入 10 mL 硝酸溶液(4.3)，用水稀释至 100 mL。以下操作按 6.5 分析步骤进行。

同水溶性磷测定的注意事项。

6.7 空白试验

除不加试样外，须与试样测定采用完全相同的试剂、用量和分析步骤，进行平行操作。

空白试验同样要进行平行测定，取平行测定的平均值作为空白实验的结果。

7 分析结果的表述

7.1 水溶性磷含量(w_1)及有效磷含量(w_2)，以五氧化二磷(P_2O_5)质量分数(%)表示，按式(1)和式(2)计算：

$$w_1 = \frac{(m_1 - m_2) \times 0.032\ 07}{m_A \times (25/250)} \times 100 = \frac{(m_1 - m_2) \times 32.07}{m_A} = \quad \cdots\cdots(1)$$

$$w_2 = \frac{(m_3 - m_4) \times 0.032\ 07}{m_B \times (25/250)} \times 100 = \frac{(m_3 - m_4) \times 32.07}{m_B} = \quad \cdots\cdots(2)$$

式中：

m_1——测定水溶性磷所得磷钼酸喹啉沉淀物质量的数值，单位为克(g)；

m_2——测定水溶性磷时，空白试验所得磷钼酸喹啉沉淀物质量的数值，单位为克(g)；

0.032 07——磷钼酸喹啉质量换算为五氧化二磷质量的系数；

m_A——测定水溶性磷时，试料质量的数值，单位为克(g)；

25——吸取试样溶液体积的数值，单位为毫升(mL)；

250——试样溶液总体积的数值，单位为毫升（mL）；

m_3——测定有效磷所得磷钼酸喹啉沉淀物质量的数值，单位为克（g）；

m_4——测定有效磷时，空白试验所得磷钼酸喹啉沉淀物质量的数值，单位为克（g）；

m_B——测定有效磷时，试料质量的数值，单位为克（g）。

计算结果表示到小数点后两位，取平行测定结果的算术平均值为测定结果。

7.2 **允许差**

平行测定结果的绝对差值不大于 0.20%；

不同实验室测定结果的绝对差值不大于 0.30%。

7.3 水溶性磷占有效磷的百分率（X），数值以%表示，按式（3）计算：

$$X = \frac{w_1}{w_2} \times 100 \qquad \cdots\cdots (3)$$

计算结果表示到小数点后一位。

按照 GB/T 1.1—2009 规定，式（1）～式（3），应改"×100%"。

因为有机-无机复混肥料产品没有水溶性磷占有效磷百分率的指标，不需测定水溶性磷含量（w_1），也不需计算水溶性磷占有效磷百分率（X）。

第二节

GB/T 8576—2010《复混肥料中的游离水含量的测定 真空烘箱法》条文释义

1 **范围**

本标准规定了真空烘箱法测定复混肥料中游离水含量。

本标准不适用于在干燥过程中能产生非水分的挥发性物质的复混肥料。

复混肥料中水分含量的测定方法有真空烘箱法和卡尔·费休法两种，其中以卡尔·费休法为仲裁法。真空烘箱法不适用于在干燥过程中能产生非水分的挥发性物质的复混肥料（如添加了碳酸氢铵的复混肥料）。在GB 18877—2009《有机-无机复混肥料》国家标准中，将真空烘箱法作为水分测定的方法之一。

2 规范性引用文件

下列文件中的条款通过本标准的引用而成为本标准的条款。凡是注日期的引用文件，其随后所有的修改单(不包括勘误的内容)或修订版均不适用于本标准，然而，鼓励根据本标准达成协议的各方研究是否可使用这些文件的最新版本。凡是不注日期的引用文件，其最新版本适用于本标准。

GB/T 8571　复混肥料　实验室样品制备

《复混肥料　实验室样品的制备》的最新版本为 GB/T 8571—2008。

3 仪器

3.1　通常实验室仪器；

3.2　电热恒温真空干燥箱(真空烘箱)：温度可控制在 50 ℃±2 ℃，真空度可控制在 6.4×10^4 Pa～7.1×10^4 Pa；

3.3　带磨口塞称量瓶：直径 50 mm，高 30 mm。

真空烘箱应当有两个气路通道，一个连接真空泵用来抽真空，另一个连接干燥塔用来通干燥空气。

4 步骤

做两份试料的平行测定。

按 GB/T 8571 规定制备实验室样品。

于预先干燥并恒重的称量瓶中，称取实验室样品 2 g，称准至 0.000 2 g，置于 50 ℃±2 ℃，通干燥空气调节真空度为 6.4×10^4 Pa～7.1×10^4 Pa 的电热恒温真空干燥箱中干燥 2 h±10 min，取出，在干燥器中冷却至室温，称量。

操作时，先开启真空烘箱加热电源，设定温度为 50 ℃，待其升温至 50 ℃后再放入盛有样品的称量瓶，关闭烘箱门后开启真空抽滤泵进行抽真空操作；当真空度为 6.4×10^4 Pa～7.1×10^4 Pa 时开启调节阀将干燥空气引入烘箱内。调节抽气与进气阀门，使烘箱内真空度保持在 6.4×10^4 Pa～7.1×10^4 Pa 并达到动态平衡，维持 2 h±10 min。

注意：在干燥过程中要保持抽气与进气的动态平衡，这样才能将样品中的水分带出，而并非是当真空度达到要求时关闭进出口的气阀门。

5　分析结果的表达

5.1　分析结果的计算

游离水的含量 w，以质量分数（%）表示，按式（1）计算：

$$w=\frac{m-m_1}{m}\times 100 \quad \cdots\cdots(1)$$

式中：

m——干燥前试料的质量的数值，单位为克（g）；

m_1——干燥后试料的质量的数值，单位为克（g）。

计算结果表示到小数点后两位，取平行测定结果的算术平均值作为测定结果。

5.2　允许差

游离水的质量分数 $w\leqslant 2.0\%$ 时，平行测定结果的绝对差值应 $\leqslant 0.20\%$；

游离水的质量分数 $w>2.0\%$ 时，平行测定结果的绝对差值应 $\leqslant 0.30\%$。

第三节

GB/T 8577—2010《复混肥料中游离水含量的测定　卡尔·费休法》条文释义

GB/T 8577—2010《复混肥料中游离水含量的测定　卡尔·费休法》是复混肥料试验方法系列标准之一，本标准代替 GB/T 8577—2002《复混肥料中游离水含量的测定　卡尔·费休法》。

1　范围

本标准规定用二氧六环萃取肥料中的游离水，然后用卡尔·费休试剂滴定的方法，测定复混肥料中游离水含量。

2　规范性引用文件

下列文件中的条款通过本标准的引用而成为本标准的条款。凡是注日期的引用文件，其随后所有的修改单（不包括勘误的内容）或修订版均不适用于本标准，然而，鼓励根据本标准达成协议的各方研究是否可使用这些文件的最新版本。凡是不注日期的引用文件，其最新版本适用于本标准。

GB/T 6283　化工产品中水分含量的测定　卡尔·费休法（通用方法）（GB/T 6283—2008，ISO 760：1978，NEQ）

GB/T 8571　复混肥料　实验室样品制备

HG/T 2843　化肥产品　化学分析常用标准滴定溶液、标准溶液、试剂溶液和指示剂溶液

3　原理

试样中的游离水与已知水的滴定度的卡尔·费休试剂进行定量反应，反应式如下：

$$H_2O + I_2 + SO_2 + 3C_5H_5N = 2C_5H_5N \cdot HI + C_5H_5N \cdot SO_3$$

$$C_5H_5N \cdot SO_3 + CH_3OH = C_5H_5NH \cdot OSO_2OCH_3$$

卡尔·费休法于1935年提出，长期来被广泛应用于无机物和有机物中水分的测定。基本原理是利用碘和二氧化硫的氧化还原反应，在有机碱和甲醇的环境下，与水发生定量反应。I_2 氧化 SO_2 时，要消耗定量的水。

$$SO_2 + I_2 + 2H_2O \rightleftharpoons H_2SO_4 + 2HI \quad \cdots\cdots\cdots\cdots\cdots (3\text{-}1)$$

但此反应是可逆的，要使反应向右进行，需要加入适当的碱性物质以中和反应后生成的酸。采用吡啶(C_5H_5N)作溶剂可满足要求，此时反应如下进行：

$$C_5H_5N \cdot I_2 + C_5H_5N \cdot SO_3 + C_5H_5N + H_2O \longrightarrow 2C_5H_5N \cdot HI + C_5H_5N \cdot SO_3\text{(硫酸吡啶)}$$

生成的硫酸吡啶不稳定，能与水发生副反应干扰测定。若有甲醇(CH_3OH)存在，则硫酸吡啶可生成稳定的甲基硫酸氢吡啶，使(3-1)反应能顺利进行。

$$C_5H_5N \cdot SO_3 + CH_3OH = C_5H_5NH \cdot OSO_2OCH_3\text{(甲基硫酸氢吡啶)}$$

由上述所知，卡尔·费休试剂是含有 I_2、SO_2、C_5H_5N、CH_3OH 的混合溶液。

试剂由于有 I_2 的存在呈深棕色，与水反应时，I_2 被消耗棕色褪去，当溶液中再出现棕色时，即达到滴定终点。但根据颜色判断终点不够准确，通常采用电位(电化学)方法来指示终点。

4　试剂和材料

本标准中所用试剂、溶液和水，在未注明规格和配制方法时，均应符合HG/T 2843的规定。

4.1　5A分子筛：直径3 mm～5 mm颗粒，用作干燥剂。使用前，于500 ℃下焙烧2 h并在内装分子筛的干燥器中冷却。使用过的分子筛可用水洗涤、烘干、焙烧再生后备用；

4.2　甲醇：水含量的质量分数≤0.05%，如试剂含水量>0.05%，于500 mL甲醇中加入5A分子筛（4.1）约50 g，塞上瓶塞，放置过夜，吸取上层清液使用；

4.3　二氧六环：经脱水处理，方法同4.2；

4.4　无水乙醇：经脱水处理，方法同4.2；

4.5　卡尔·费休试剂：按GB/T 6283配制。

注：无吡啶的卡尔·费休改进试剂也可使用，其配制方法见HG/T 2843。

配制试剂时应注意以下4点：

1）新的分子筛应先水洗（除去粉尘），再烘干（110 ℃），再焙烧（500 ℃）。使用过的分子筛也要水洗（除去吸附的甲醇、二氧六环或乙醇），再烘干（110 ℃），并筛除破碎的分子筛，再焙烧（500 ℃），并可反复使用。

2）甲醇、二氧六环、无水乙醇最好都经脱水处理，可减少卡尔·费休试剂消耗量。

3）卡尔·费休试剂配制较复杂，吡啶、二氧化硫毒性较大，建议试剂外购。

4）配制好的试剂应密封后避光保存。

5　仪器

5.1　通常实验室用仪器；

5.2　卡尔·费休直接电量滴定仪器，按GB/T 6283配备，或与之性能相当的卡尔·费休仪器；

5.3　离心机，医用，（0～4 000）r/min；

5.4　注射器，5 mL、50 mL。

可选用国产的KF-1型及改进型的仪器，也可用进口的各种卡尔·费休水分测定仪。

6　分析步骤

6.1　卡尔·费休试剂的标定

按GB/T 6283规定步骤，用二水合酒石酸钠（或水）标定。

按GB/T 6283—2008《化工产品中水分含量的测定　卡尔·费休法（通用方法）》规定步骤进行标定，建议用10 μL水标定较为简单。

（含吡啶、碘、二氧化硫、甲醇的）卡尔·费休试剂不稳定，使用前需标定。

6.2 **测定**

做两份试料的平行测定。

按 GB/T 8571 规定制备实验室样品。

于 125 mL 带盐水瓶橡皮塞的锥形瓶中，精确称取游离水含量不大于 150 mg 的实验室样品 1.5 g～2.5 g，称准至 0.000 2 g，盖上瓶塞，用注射器注入 50.0 mL 二氧六环(除仲裁必须使用外，一般情况下，可用无水乙醇或甲醇代替)，摇动或振荡数分钟，静置 15 min，再摇动或振荡数分钟，待试样稍为沉降后，取部分溶液于带盐水瓶橡皮塞的离心管中离心。

测定时所用的容器均应干燥，环境湿度应低于 70%。

二氧六环只萃取游离水，不萃取结晶水，不受萃取条件、方式及温度的影响，使用效果优于甲醇与无水乙醇。由于 50 mL 二氧六环最大萃取量为 150 mg 水，测定时应严格控制称样量，使试样含水量不大于 150 mg。

萃取时间不宜过长，萃取液必须经离心机分离后再测定，避免试样中某些成分与卡尔·费休试剂产生反应，使测定数据偏高。

通过排泄嘴将滴定容器中残液放完，加 50 mL 甲醇于滴定容器中，甲醇用量须足以淹没电极，接通电源，打开电磁搅拌器，与标定卡尔·费休试剂一样，用卡尔·费休试剂滴定至电流计产生与标定时同样的偏斜，并保持稳定 1 min。

甲醇用量须足以淹没电极，电磁搅拌器的速度要均匀，不要太快出现空心旋涡，也不要太慢。

反应溶液颜色应适中，颜色太浅电流指针不稳定，颜色太深则滴定试剂过量。

用注射器从离心管中取出 5.0 mL 二氧六环萃取液，经加料口注入滴定容器中，用卡尔·费休试剂滴定至终点，记录所消耗的卡尔·费休试剂的体积(V_1)。

用二氧六环作萃取剂时，应在三次滴定后将滴定容器中残液放完，加入甲醇，用卡尔·费休试剂滴定至同样终点。其后进行下一次测定。

以同样方法，测定 5.0 mL 二氧六环所消耗的卡尔·费休试剂的体积(V_2)。

滴定容器中溶液体积不宜过多(不超过容器的三分之二)，故将二氧六环萃取液的体积改为 5.0 mL。滴定终点(指针在相同刻度)溶液颜色变深时，应更换甲醇。

7 分析结果的表述

7.1 分析结果的计算

游离水含量 w，以质量分数(%)表示，按式(1)计算：

$$w=\frac{T(V_1-V_2)}{m\times\frac{5}{50}\times 1\ 000}\times 100=\frac{(V_1-V_2)T}{m} \quad \cdots\cdots(1)$$

式中：

V_1——滴定 5.0 mL 二氧六环萃取溶液所消耗的卡尔·费休试剂的体积的数值，单位为毫升(mL)；

V_2——滴定 5.0 mL 二氧六环所消耗的卡尔·费休试剂的体积的数值，单位为毫升(mL)；

T——卡尔·费休试剂对水的滴定度的数值，单位为毫克每毫升(mg/mL)；

m——试料的质量的数值，单位为克(g)。

计算结果表示到小数点后两位，取平行测定结果的算术平均值作为测定结果。

测定结果保留小数点后 2 位。

7.2 允许差

游离水的质量分数 $w\leqslant 2.0\%$时，平行测定结果的绝对差值应$\leqslant 0.30\%$；

游离水的质量分数 $w>2.0\%$时，平行测定结果的绝对差值应$\leqslant 0.40\%$。

第四节

GB/T 17767.1—2008《有机-无机复混肥料的测定方法 第 1 部分：总氮含量》条文释义

GB/T 17767.1—2008《有机-无机复混肥料的测定方法 第 1 部分：总氮含量》是配合 GB 18877《有机-无机复混肥料》标准而制定的。在 GB 18877—2009 中 5.4 要按此测定方法进行，并规定为仲裁法。

1 范围

GB/T 17767 的本部分规定了有机-无机复混肥料中总氮含量的测定方法。

本部分适用于由各种有机肥料与化学肥料组成的固体有机-无机复混肥料，也适用于各种固体有机肥料的总氮含量的测定。

本标准规定的方法可用来测定固体有机-无机复混肥料中的总氮含量，也可以用来测定固体有机肥料的总氮含量。

2 规范性引用文件

下列文件中的条款通过 GB/T 17767 的本部分的引用而成为本部分的条款。凡是注日期的引用文件，其随后所有的修改单(不包括勘误的内容)或修订版均不适用于本部分，然而，鼓励根据本部分达成协议的各方研究是否可使用这些文件的最新版本。凡是不注日期的引用文件，其最新版本适用于本部分。

GB/T 8571 复混肥料 实验室样品制备

GB/T 8572 复混肥料中总氮含量的测定 蒸馏后滴定法

HG/T 2843 化肥产品 化学分析常用标准滴定溶液、标准溶液、试剂溶液和指示剂溶液

本标准的引用标准均为推荐性标准，请注意使用标准的有效版本，HG/T 2843 标准可以用 GB 601 系列标准代替。因 GB/T 8571—2002 和 GB/T 8572—2001 标准已分别被 GB/T 8571—2008 和 GB/T 8572—2010 标准代替，请尽量使用最新版本。

3 原理

在酸性介质中将硝酸盐还原为铵盐，在混合催化剂或过氧化氢的存在下，用浓硫酸消化，将氮转化为硫酸铵。从碱性溶液中蒸馏出氨，并吸收在过量的硫酸标准滴定溶液中，在甲基红-亚甲基蓝混合指示液存在下，用氢氧化钠标准滴定溶液返滴定。

样品先用铬粉加盐酸将硝酸根还原成铵盐(若样品中无硝态氮可省略这一步骤)，然后用浓硫酸和混合催化剂将酰胺态氮、氰胺态氮和有机质氮转化为铵盐，再加氢氧化钠蒸馏出氨，用一定量硫酸溶液吸收后，再以氢氧化钠标准滴定溶液滴定。

4 试剂和材料

警告——试剂中的过氧化氢具有腐蚀性和氧化性，硫酸及其溶液、盐酸和氢氧化钠溶液具有腐蚀性，相关操作应在通风橱内进行。本部分并未指出所有可能的安全问题，使用者有责任采取适当的安全和健康措施，并保证符合国家有关法规规定的条件。

本部分中所用试剂、溶液和水，在未注明规格和配制方法时，均应符合 HG/T 2843 的规定。

4.1 铬粉：细度小于 250 μm；

4.2 硫酸钾；
4.3 五水硫酸铜；
4.4 混合催化剂制备：将 1 000 g 硫酸钾和 50 g 五水硫酸铜充分混合，并仔细研磨；
4.5 硫酸；
4.6 盐酸；
4.7 过氧化氢；
4.8 氢氧化钠溶液：400 g/L；
4.9 硫酸溶液：$c(\frac{1}{2}H_2SO_4)=0.5$ mol/L 或 $c(\frac{1}{2}H_2SO_4)=1$ mol/L；
4.10 氢氧化钠标准滴定溶液：$c(NaOH)=0.5$ mol/L；
4.11 甲基红-亚甲基蓝混合指示液；
4.12 广泛 pH 试纸；
4.13 硅脂。

标准 4.9 中的硫酸溶液可在 $c(\frac{1}{2}H_2SO_4)=0.5$ mol/L 和 1.0 mol/L 两种规格选一种即可，且无需标定准确浓度，加溶液时可以用滴定管或单标线吸管。

标准中的 4.10 此处曾修订，将氢氧化钠标准滴定溶液浓度由原来的 0.1 mol/L 改为 0.5 mol/L，需要标定准确浓度。

标准中的 4.11 甲基红-亚甲基蓝混合指示液按 HG/T 2843—1997 配制：将50 mL 甲基红溶液（2 g/L）和 50 mL 亚甲基蓝溶液（1 g/L）混合均匀，使用该指示剂滴定终点变色很明显。

5 仪器、设备

5.1 通常实验室用仪器；
5.2 消化仪器：1 000 mL 圆底蒸馏烧瓶（与蒸馏仪器配套）和梨形玻璃漏斗；
5.3 蒸馏仪器：如 GB/T 8572 配备；
5.4 防爆沸颗粒或防爆沸装置：后者由一根长约 100 mm，直径约 5 mm 玻璃棒连接在一根长约 25 mm 聚乙烯管上；
5.5 消化加热装置：置于通风橱内的 1 500 W 电炉，或能在 7 min～8 min 内使 250 mL 水从常温至剧烈沸腾的其他形式热源；
5.6 蒸馏加热装置：1 000 W～1 500 W 电炉，置于升降台架上，可自由调节高度。也可使用调温电炉或能够调节供热强度的其他形式热源。

通常实验室用仪器主要包括分析天平、滴定管和单标线吸管等。

消化仪器为 1 000 mL 容积的磨口硬质玻璃圆底烧瓶，应与蒸馏装置、接受器配套。以磨口相连接为佳，拆装都比较方便。接受器的双球形侧管可防止在停止加热时溶液倒吸。如不具备上述条件，也可使用普通圆底烧瓶，通过有孔橡皮塞连接加液漏斗和冷凝管，接受器使用三角烧瓶。这样蒸馏效果是相同的，但操作比较麻烦，玻璃导管容易折断，应注意操作的安全性。

使用防爆沸棒的效果比使用防爆沸颗粒(沸石、玻璃珠等)的效果要好，并且容易清洗。

消化和蒸馏可使用各种形式的热源，如电炉、煤气喷灯等。消化加热的要求是有一定强度而恒定，蒸馏加热的要求是可以灵活调节强度。

6 分析步骤

做两份试料的平行测定。

6.1 试样

按 GB/T 8571 规定制备实验室样品。试样制备时样品研磨至通过 1 mm 试验筛，若样品很难粉碎，可研磨至通过 2 mm 试验筛。

从试样中称取总氮含量不大于 235 mg，硝酸态氮含量不大于 60 mg 的试料 0.5 g～2 g(称准至0.000 2 g)于蒸馏烧瓶中。

试样难粉碎的情况存在以下 3 方面的原因：

1) 试样比较坚硬。

2) 试样由于加入了纤维状有机质而比较有韧性。

3) 试样由于潮湿而成粘结状。

以上情况可研磨至通过 2 mm 实验筛。

称样量选择在 0.5 g～2 g 范围内，由试样中总氮含量来确定。在样品中含硝态氮时，要同时参考硝态氮的含量，以总氮含量接近 235 mg 或硝态氮含量接近 60 mg 为合适，但低含量的试样以称样量 2.5 g 为上限。

6.2 分解

可选用下面的硫酸-混合催化剂法和硫酸-过氧化氢法之一。

实验结果表明，两种方法所测得的结果基本一致。因此，可根据自身情况选择标准中提供的两种方法之一来测定有机-无机复混肥料中的总氮含量。

6.2.1 硫酸-混合催化剂法

6.2.1.1 还原(如果试样中含硝酸态氮时，必须采用此步骤)

于蒸馏烧瓶中加入 35 mL 水，摇动使试料溶解，加入铬粉 1.2 g，盐酸 7 mL，静置 5 min～10 min，插上梨形玻璃漏斗。置蒸馏烧瓶于通风橱内的加热装置(5.5)上，加热至沸腾并泛起泡沫后 1 min，冷却至室温。

用铬粉和盐酸还原硝酸态氮为铵态氮。样品中含有机态氮，因此不能用定氮合金法还原，必须用铬粉和盐酸还原。沸腾并不等于泛起泡沫，泛起泡沫是由于大量氢气发生而引起的，此时溶液显著变深绿色。这种现象有时与沸腾同时产生，有时在沸腾后一段时间才出现，一定要出现这种现象才能有效地把硝酸态氮还原。

> **6.2.1.2　消化**
>
> 置蒸馏烧瓶于通风橱内的加热装置(5.5)上，加入 22 g 混合催化剂，小心加入 30 mL 硫酸(4.5)，加热。

因为存在有机物，需要加入由硫酸钾和硫酸铜混合制成的催化剂，并适当多加一些硫酸。

> 如泡沫很多，减少供热强度至泡沫消失，继续加热，直到烧瓶底部清晰，再消化 75 min，冷却烧瓶至室温，小心地加入 400 mL 水，冷却。

有机物存在时，有时会产生很多泡沫，这时要减少供热强度，一直到泡沫消失，再继续加热。到溶液清晰透明后再消化 75 min。加 400 mL 水需在蒸馏烧瓶充分冷却后进行，在加水时仔细冲洗梨形漏斗，加水时要小心，先加入少量水，再缓慢增加加入的水量。

因加热时有酸雾产生，必须在通风橱中操作，插上梨形玻璃漏斗以防止酸液溅出，还可起到回流的作用。

> **6.2.2　硫酸-过氧化氢氧化法**
>
> 向盛有试样的烧瓶中加入 20 mL 硫酸和 5 mL 过氧化氢，放置过夜(约 15 h)。
>
> 向烧瓶再加入 5 mL 过氧化氢，瓶口插上梨形玻璃漏斗。在通风橱内的加热装置上加热 30 min(若泡沫过多，暂停加热至泡沫消失为止，再继续加热)。若溶液呈现深色，稍冷后再加入 5 mL 同样的过氧化氢，继续加热 10 min，重复此步骤至溶液无色或浅色为止。冷却烧瓶至室温，小心加入 400 mL 水，冷却。

注意事项同上。

> **6.3　蒸馏**
>
> 按 GB/T 8572 进行。

具体如下：于接受器中加入 40.0 mL 硫酸溶液[$c(\frac{1}{2}H_2SO_4)=0.5$ mol/L]或 20.0 mL硫酸溶液[$c(\frac{1}{2}H_2SO_4)=1.0$ mol/L]、4～5 滴混合指示剂，并加适

量水以保证封闭气体出口，将接受器连接在蒸馏装置上。蒸馏装置的磨口连接处应涂硅脂密封。通过蒸馏装置的滴液漏斗加入 120 mL 氢氧化钠溶液，在溶液将流尽时加入 20 mL～30 mL 水冲洗漏斗，剩 3 mL～5 mL 水时关闭活塞。开通冷却水，同时开启加热装置(5.6)，沸腾时根据泡沫产生程度调节供热强度，避免泡沫溢出或液滴带出。蒸馏出至少 150 mL 馏出液后，用 pH 试纸检查冷凝管出口的液滴，如无碱性结束蒸馏。

硫酸溶液浓度 1 mol/L 时加 20.0 mL，用滴定管或单标线吸管加入接受器中。0.5 mol/L 时加 40.0 mL，用滴定管加比较方便，单标线吸管无此规格，只能用 20 mL 规格吸管加两次，带双球形侧管的接受器加水要超过侧管进口，普通三角烧瓶作为接受器时，加水量要保证冷凝管出液口伸入水中 10 mm 以上。

加入的氢氧化钠溶液将流尽时，务必用水冲洗漏斗，以防止玻璃磨口活塞被腐蚀。供热强度根据蒸馏时沸腾程度来调节，过高有可能使氢氧化钠液滴进入接受器，造成测定结果偏高；过低则延长蒸馏时间，夏季冷却水温度过高时，有可能冷凝管中的氨从水中游离出来而蒸馏不完全，故此时必须用 pH 试纸检查冷凝管出口液滴的酸碱性，直至 pH 值接近 7 才能停止蒸馏。

有机-无机复混肥料样品在蒸馏过程中经常有剧烈的爆沸现象。处理的方法有 3 条：

1）加防爆沸物，加防爆沸棒一般只加 1 支，这时可加 2～3 支。

2）多加水，但不要超过蒸馏烧瓶容积的 2/3，否则沸腾的液滴容易进入冷凝管。

3）降低供热强度。

6.4 滴定

按 GB/T 8572 进行。

即用 c(NaOH) =0.5 mol/L 的氢氧化钠标准滴定溶液返滴定过量的硫酸至混合指示剂呈现灰绿色为终点，若呈亮绿色，表示已滴过量。

本标准将氢氧化钠标准滴定溶液的浓度由前版标准的 0.1 mol/L 提高到 0.5 mol/L，需要注意控制滴定的速度，以免过量。

6.5 空白试验

除不加试料外，须与试样测定采用完全相同的试剂、用量和分析步骤，进行平行操作。

空白实验也应做平行数据，差值在 0.2 mL 以内，取平均值。

7　分析结果的表述

总氮(N)含量，以氮(N)的质量分数 w 计，数值以%表示，按式(1)计算：

$$w=\frac{c(V_2-V_1)\times 14.01}{m\times 1\,000}\times 100 \quad \cdots\cdots(1)$$

式中：

c——测定及空白试验时，使用氢氧化钠标准滴定溶液的浓度的准确数值，单位为摩尔每升(mol/L)；

V_2——空白试验时，使用氢氧化钠标准滴定溶液的体积的数值，单位为毫升(mL)；

V_1——测定时，使用氢氧化钠标准滴定溶液的体积的数值，单位为毫升(mL)；

14.01——氮的摩尔质量的数值，单位为克每摩尔(g/mol)；

m——试料质量的数值，单位为克(g)。

计算结果表示到小数点后两位，取平行测定结果的算术平均值作为测定结果。

计算结果保留至小数点后两位，V_1、V_2 应是经过体积校正和温度校正后的数值。按照 GB/T 1.1—2009 的规定，公式中应改“×100%”。

8　允许差

平行测定结果的绝对差值不大于 0.30%；

不同实验室测定结果的绝对差值不大于 0.50%。

第五节

GB/T 17767.3—2010《有机-无机复混肥料的测定方法 第 3 部分：总钾含量》条文释义

1　范围

GB/T 17767 的本部分规定了有机-无机复混肥料中总钾含量的测定方法。

本部分适用于由有机肥料与化学肥料组成的有机-无机复混肥料，也适用于各种固体有机肥料的总钾含量的测定。

本方法标准既适合于有机-无机复混肥料，也适用于各种纯有机肥料的总钾含量的测定。根据肥料中钾含量的不同，分别采用火焰光度法测定或四苯硼钾重量法测定，对于有机-无机复混肥料，一般采用四苯硼钾重量法来测定。

2 规范性引用文件

下列文件中的条款通过 GB/T 17767 的本部分的引用而成为本部分的条款。凡是注日期的引用文件，其随后所有的修改单(不包括勘误的内容)或修订版均不适用于本部分，然而，鼓励根据本部分达成协议的各方研究是否可使用这些文件的最新版本。凡是不注日期的引用文件，其最新版本适用于本部分。

GB/T 8571 复混肥料 实验室样品制备

HG/T 2843 化肥产品 化学分析常用标准滴定溶液、标准溶液、试剂溶液和指示剂溶液

本标准的引用标准均为推荐性标准，请注意使用标准的有效版本，HG/T 2843 标准可以用 GB 601 系列标准代替。因 GB/T 8571—2002 标准已分别被 GB/T 8571—2008 标准代替，请尽量使用最新版本。

3 试剂和材料

警告——试剂中的过氧化氢、硝酸、高氯酸具有腐蚀性和氧化性，硫酸和氢氧化钠溶液具有腐蚀性，相关操作应在通风橱内进行。本标准并未指出所有可能的安全问题，使用者有责任采取适当的安全和健康措施，并保证符合国家有关法规规定的条件。

本部分中所用试剂、溶液和水，在未注明规格和配制方法时，均应符合 HG/T 2843 的规定。

3.1 硫酸；

3.2 过氧化氢；

3.3 硝酸；

3.4 高氯酸；

3.5 四苯硼酸钠溶液沉淀剂：15 g/L；

3.6 四苯硼酸钠洗涤液：1.5 g/L；

3.7 乙二胺四乙酸二钠盐(EDTA)溶液：40 g/L；

3.8 氢氧化钠溶液：400 g/L；

3.9 酚酞：5 g/L 乙醇溶液，溶解 0.5 g 酚酞于 100 mL 95%(体积分数)乙醇中；

3.10 氧化钾标准贮备溶液：1.00 mg/mL

称取 1.582 8 g 经 110 ℃烘 2 h 的氯化钾，用水溶解后定容于 1 L 量瓶中，混匀，该溶液 1 mL 含氧化钾(K_2O)1.00 mg，贮存于塑料瓶中；

3.11 氧化钾标准溶液：100 μg/mL

吸取 25.0 mL 氧化钾标准贮备溶液(3.10)于 250 mL 量瓶中，用水稀释至刻度，混匀，此溶液 1 mL 含氧化钾(K_2O)100 μg。

配制溶液时应注意以下 3 点：

1）四苯硼钠沉淀剂配制时应静止 24 h 后再过滤，溶液贮存在棕色瓶中。

2）本标准的此版较前版取消了加甲醛步骤。

3）“3.10 氧化钾标准贮备溶液”和“3.11 氧化钾标准溶液”只在采用火焰光度法测定钾含量时使用；如采用四苯硼钠重量法测定钾含量，不必准备氧化钾标准溶液。

4 仪器、设备

4.1 通常实验室用仪器；

4.2 玻璃坩埚式滤器：4 号，容积 30 mL；

4.3 电热恒温干燥箱：温度能控制(120±5)℃；

4.4 火焰光度计。

通常实验室用仪器主要包括分析天平、电热板、量瓶、锥形瓶和烧杯等。

5 试样溶液制备

做两份试料的平行测定。

按 GB/T 8571 规定制备实验室样品。试样制备时样品研磨至通过 1 mm 试验筛，若样品很难粉碎，可研磨至通过 2 mm 试验筛。

钾含量(K_2O)＜2％的试样，采用火焰光度法测定，称取 2 g 试样；钾含量(K_2O)≥2％的试样，采用四苯硼钾重量法测定，当 2％≤钾含量(K_2O)＜5％时称取 4 g 试样，钾含量(K_2O)≥5％时称取 2 g 试样，称准至 0.000 2 g，用下列方法之一制备试样溶液。

5.1 硝酸-高氯酸消煮法

将试样置于 250 mL 高型烧杯中，加入 20 mL 硝酸，小心摇匀，在通风橱内用电热板加热至近干涸，稍冷后加入 10 mL 高氯酸，盖上表面皿，缓慢加热至冒高氯酸的白烟，继续加热直至溶液呈无色或浅色清液(**注意不能蒸干!**)。冷却至室温，将消煮液移入 250 mL 量瓶中，用水稀释至刻度，混匀，干过滤，弃去最初 50 mL 滤液。

5.2 硫酸-过氧化氢消煮法

将试料置于 500 mL 锥形瓶中，加入 20 mL 浓硫酸和 3 mL～5 mL 过氧化氢，小心摇匀，静放12 h～15 h，然后再加入 3 mL～5 mL 过氧化氢，插上梨形漏斗，在通风橱内用 1 500 W 电炉缓慢加热至沸腾，继续加热保持 30 min，取下；若溶液未澄清，稍冷后分次再加入 3 mL 过氧化氢，并分次消煮，直至溶液呈无色或浅色清液，继续加热 10 min，冷却至室温。将消煮液移入 250 mL 量瓶中，用水稀释至刻度，混匀，干过滤，弃去最初 50 mL 滤液。

关于称样量：

由于采用了两种不同的测定钾的方法，各方法又有其相应的适用范围，故称样量也应根据样品中钾的含量而定，以满足方法的适用范围要求。

关于消煮方法：

硝酸-高氯酸消煮法分解试样简便快速，但在消化过程中应注意安全，不能让硝酸、高氯酸蒸干。由于硝酸、高氯酸挥发性大，沉淀前调整酸碱度时消耗 NaOH 溶液少，引入的误差较小，其空白实验值基本为零，所以其准确性较理想，也有利于批量样品的分析。

硫酸-过氧化氢消煮法分解试样操作安全，但需较长的放置时间，一般要求过夜。另外，由于在消化时挥发性较小，沉淀前调整酸碱度时需消耗较大量的 NaOH 溶液，而 NaOH 溶液含有杂质钾，从而引入正误差，且不同的样品含有不同的有机质类型和含量，消化所需时间不同，所以硫酸的消耗量也不同，将有不同的正误差，空白实验不可缺少。

两种消化法对测定结果无显著性差异，操作时可任选其一。

6 分析步骤

做两份试料的平行测定。

6.1 四苯硼钾重量法

当试样中含氧化钾大于或等于 2%（质量分数）时，采用本方法。

6.1.1 方法原理

在弱碱性介质中，以四苯硼酸钠沉淀试样溶液中的钾离子。为了防止阳离子干扰，可预先加入适量的乙二胺四乙酸二钠盐（EDTA），使阳离子与乙二胺四乙酸二钠络合。将沉淀过滤、干燥及称量。

6.1.2 试液处理

吸取上述滤液 25 mL，置入 200 mL 烧杯中，加 EDTA 溶液（3.7）20 mL（含阳离子较多时可加40 mL），加 2～3 滴酚酞溶液（3.9），滴加氢氧化钠溶液（3.8）至红色出现时，再过量 1 mL，在良好的通风橱内缓慢加热煮沸 15 min，然后放置冷却或用流水冷却至室温，若红色消失，再用氢氧化钠溶液调至红色。

本标准此版与前版相比，取消了加甲醛步骤。加甲醛的目的是防止铵离子的干扰，但根据反应原理，铵离子在碱性条件下加热后将以氨气的形式挥发掉；回收率试验表明，甲醛的加入将对结果产生正误差。对 GB 15063 复混肥料（复合肥料）修订时，钾含量测定试验得出以下 4 点结论：

1）从试验的回收率实验发现，完全按 GB/T 8574—1988 标准测定钾含量结果存在着一定的正误差，而取消加甲醛的步骤却得到了较满意的回收率，说明加甲醛后铵离子反而有一定的正干扰。

2）两种方法的对比试验结果表明，加甲醛法比不加甲醛法测得的钾含量数据普遍偏高，这与试剂 KCl 的回收率实验结论相一致，再次证明 GB/T 8574—1988 方法存在正误差。

3）不同实验室的对比数据表明，取消加甲醛后，测定方法仍存在着较好的重复性和再现性，目前现行有效的标准是 GB/T 8574—2010。

4）经过大量的实验，我们可以得出以下结论：取消加甲醛的方法不仅可避免甲醛的毒性给操作者带来的危害，而且可以得到较好的准确度。

在本标准修订时考虑到分析人员的卫生安全和分析方法的准确度，经过实验对比，也取消了加甲醛的步骤，使分析方法更加安全、快速、准确。所以采用本标准测定有机-无机复混肥料中钾含量时应取消加甲醛步骤。

6.1.3 沉淀及过滤

在不断搅拌下，于试样溶液(6.1.2)中逐滴加入四苯硼酸钠沉淀剂(3.5)，加入量为每含 1 mg 氧化钾加四苯硼钠溶液(3.5)0.5 mL，并过量约 7 mL，继续搅拌 1 min，静置 15 min，用倾滤法将沉淀过滤于 120 ℃下预先恒量的 4 号玻璃坩埚式滤器(4.2)内，用洗涤溶液(3.6)洗涤沉淀 5～7 次，每次用量约5 mL，最后用水洗涤 2 次，每次用量 5 mL。

6.1.4 干燥

将盛有沉淀的坩埚置入 120 ℃±5 ℃干燥箱中，干燥 1.5 h，然后放在干燥器内冷却至室温，称量。

注：坩埚洗涤时，若沉淀不易洗去，可用丙酮进 ·步清洗。

6.1.5 空白试验

除不加试料外，须与试样测定采用完全相同的试剂、用量和分析步骤，进行平行操作。

空白试验也应做平行测定，并与样品测定同时进行，每次测定都进行空白试验。

6.1.6 分析结果的表述

总钾含量 w_1，以氧化钾(K_2O)的质量分数计，数值以%表示，按式(1)计算：

$$w_1 = \frac{(m_2 - m_1) \times 0.1314}{m_0 \times (25/250)} \times 100 = \frac{(m_2 - m_1) \times 131.4}{m_0} \quad \cdots\cdots\cdots(1)$$

式中：

m_2——试液所得沉淀的质量的数值，单位为克(g)；

m_1——空白实验时所得沉淀的质量的数值，单位为克(g)；

0.131 4——四苯硼酸钾质量换算为氧化钾质量的系数；

m_0——试料质量的数值，单位为克(g)；

25——吸取试样溶液体积的数值，单位为毫升(mL)；

250——试样溶液总体积的数值，单位为毫升(mL)。

计算结果表示到小数点后两位，取平行测定结果的算术平均值作为测定结果。

测定值保留到小数点后两位。

6.1.7 允许差

平行测定和不同实验室测定结果的允许差值应符合表1要求。

表 1

钾的质量分数(以 K_2O 计)/%	平行测定允许差值/%	不同实验室测定允许差值/%
<10.0	0.20	0.40
10.0～20.0	0.30	0.60
>20.0	0.40	0.80

6.2 火焰光度法

当试样中含氧化钾小于2%时，采用本方法。

本方法只适合于测定氧化钾含量小于2%的试样。

6.2.1 方法原理

待测液在火焰高温激发下，辐射出钾元素的特征光谱，其强度与溶液中钾的浓度成正比，从钾标准溶液所作的工作曲线上即可查出待测液的钾浓度。

6.2.2 空白溶液制备

除不加试料外，应用的试剂和操作步骤同第5章。

这里只制备空白溶液，其操作步骤同第5章的试样溶液制备，空白溶液与样品测定同时进行。

6.2.3 标准曲线绘制

吸取氧化钾标准溶液(3.11)0 mL、2.50 mL、5.00 mL、10.00 mL、15.00 mL、20.00 mL分别置于6个50 mL量瓶中，加入与吸取试样溶液等体积的空白溶液(6.2.2)，用水稀释至刻度，混匀，此系列溶液为1 mL含氧化钾(K_2O)0 μg、5.00 μg、10.00 μg、20.00 μg、30.00 μg、40.00 μg的标准溶液。在火焰光度计上，以空白溶液调节仪器零点，以标准溶液中最高浓度的溶液调节满度至80分度处。再依次由低浓度至高浓度测量其他标准溶液，记录仪器示值。根据氧化钾浓度和仪器示值绘制标准曲线或求出直线回归方程。氧化钾标准溶液系列的浓度可视仪器灵敏度做适当调整。

6.2.4 **测定**

吸取一定量的试样溶液[约含(K_2O)0.5 mg～2 mg]于 50 mL 量瓶中,用水稀释至刻度,混匀,与氧化钾标准溶液系列同条件地在火焰光度计上测定,记录仪器示值,在工作曲线上查取浓度值。每测量 3 个样品后须用氧化钾标准溶液校正仪器。

火焰光度计的火焰大小将影响最终的数值,故在测定标准溶液和样品的时候,火焰大小应保持不变。

每次进行测定时都应先绘制标准曲线。

所吸取的试样溶液中钾的含量应在标准溶液的浓度范围内。

6.2.5 **分析结果的表述**

总钾含量 w_2,以氧化钾(K_2O)质量分数(%)表示,按式(2)计算:

$$w_2 = \frac{\rho \times D \times 50}{m_3} \times 10^{-6} \times 100 \quad \cdots\cdots(2)$$

式中:

ρ——由标准曲线查得的试样溶液中氧化钾质量浓度的数值,单位为微克每毫升(μg/mL);

D——分取倍数,定容体积的数值/分取体积的数值;

50——定容体积的数值,单位为毫升(mL);

m_3——试料质量的数值,单位为克(g);

10^{-6}——由 μg 换算为 g 的因数。

计算结果表示到小数点后两位,取平行测定结果的算术平均值作为测定结果。

6.2.6 **允许差**

平行测定和不同实验室测定结果的允许差值应符合表 2 要求。

表 2

钾含量(K_2O)/%	平行测定允许差值/%	不同实验室测定允许差值/%
<0.5	0.05	0.10
0.5～1.0	0.07	0.14
>1.0～2.0	0.10	0.20

第六节

GB/T 19524.1—2004《肥料中粪大肠菌群的测定》

条文释义

1 范围

本标准规定了肥料中粪大肠菌群的测定方法。

2 定义

下列定义适用于本标准。

粪大肠菌群 fecal coliforms

一群在44.5℃±0.5℃条件能发酵乳糖、产酸产气、需氧和兼性厌氧的革兰氏阴性无芽胞杆菌。

粪大肠菌群数为每克(毫升)肥料样品中粪大肠菌群的最可能数(MPN)。

3 仪器设备

高压蒸汽灭菌器;显微镜;恒温水浴或隔水式培养箱;恒温旋转式摇床;干燥箱;天平;酸度计或精密pH试纸;接种环;试管(15 mm×150 mm);小套管(杜兰管);移液管;三角瓶;培养皿;载玻片;玻璃珠;酒精灯;试管架。

4 培养基和试剂

4.1 培养基:遵照附录A的规定。

4.2 革兰氏染色液:遵照附录B的规定。

培养基和革兰氏染色液均有市售产品。

5 检验步骤

5.1 样品稀释

在无菌操作下称取样品10.0 g或吸取样品10 mL,加入到带玻璃珠的90 mL无菌水中,置于摇床上200 r/min充分振荡30 min,即成10^{-1}稀释液。

用无菌移液管吸取5.0 mL上述稀释液加入到45 mL无菌水中,混匀成10^{-2}稀释液。这样依次稀释,分别得到10^{-3},10^{-4}等浓度稀释液(每个稀释度须更换无菌移液管)。

5.2 乳糖发酵试验

选取三个连续适宜稀释液，分别吸取不同稀释液 1.0 mL 加入到乳糖胆盐发酵管内，每一稀释度接种 3 支发酵管，置 44.5℃±0.5℃恒温水浴或隔水式培养箱内，培养 24 h±2 h。如果所有乳糖胆盐发酵管都不产酸不产气，则为粪大肠菌群阴性；如果有产酸产气或只产酸的发酵管，则按 5.3 进行。

初次实验在不知道样品中粪大肠具体浓度的情况下，可另外增加一支高浓度、一支低浓度两个稀释液，实验后选取浓度适当的三支进行下一步试验。粪大肠菌群细菌发酵乳糖产酸产气使培养液由紫色变成黄色，套管内充有气体。

5.3 分离培养

从产酸产气或只产酸的发酵管中分别挑取发酵液在伊红美蓝琼脂平板上划线，置 36℃±1℃条件下培养 18 h～24 h。

平板划线时宜采用四区划线法。

5.4 证实试验

从 5.3 分离平板上挑取可疑菌落，进行革兰氏染色。染色反应阳性者为粪大肠菌群阴性；如果为革兰氏阴性无芽胞杆菌则挑取同样菌落接种在乳糖发酵管中，置 44.5℃±0.5℃条件下培养 24 h±2 h。观察产气情况，不产气为粪大肠菌群阴性；产气为粪大肠菌群阳性。

5.5 结果

证实试验为粪大肠菌群阳性的，根据粪大肠菌群阳性发酵管数，查 MPN 检索表，得出每克(毫升)肥料样品中的粪大肠菌群数。

MPN 检索表见表 3。注意：由表 3 中查得的数据为每 g(或 mL) 样品中粪大肠菌群的最可能数，检验时注意所取样品的稀释度，并应进行倍数换算。

表 3 粪大肠菌群最可能数(MPN)检索表

阳性管数			MPN 1g(或 mL)	95%可信限	
$10^{-1}\times3$	$10^{-2}\times3$	$10^{-3}\times3$		下限	上限
0	0	0	<3	<0.5	9
0	0	1	3		
0	0	2	6		
0	0	3	9		

续表

阳性管数			MPN 1g(或 mL)	95%可信限	
$10^{-1}\times3$	$10^{-2}\times3$	$10^{-3}\times3$		下限	上限
0	1	0	3	<0.5	13
0	1	1	6		
0	1	2	9		
0	1	3	12		
0	2	0	6		
0	2	1	9		
0	2	2	12		
0	2	3	16		
0	3	0	9		
0	3	1	13		
0	3	2	16		
0	3	3	19		
1	0	0	4	<0.5	20
1	0	1	7	1	21
1	0	2	11		
1	0	3	15		
1	1	0	7	1	23
1	1	1	11	3	36
1	1	2	15		
1	1	3	19		
1	2	0	11	3	36
1	2	1	15		
1	2	2	20		
1	2	3	24		
1	3	0	16		
1	3	1	20		
1	3	2	24		
1	3	3	29		
2	0	0	9	1	36
2	0	1	14	3	37
2	0	2	20		
2	0	3	26		

续表

阳性管数			MPN 1g(或 mL)	95%可信限	
$10^{-1}\times 3$	$10^{-2}\times 3$	$10^{-3}\times 3$		下限	上限
2	1	0	15	3	44
2	1	1	20	7	89
2	1	2	27		
2	1	3	34		
2	2	0	21	4	47
2	2	1	28	10	150
2	2	2	35		
2	2	3	42		
2	3	0	29		
2	3	1	36		
2	3	2	44		
2	3	3	53		
3	0	0	23	4	120
3	0	1	39	7	130
3	0	2	64	15	380
3	0	3	95		
3	1	0	43	7	210
3	1	1	75	14	230
3	1	2	120	30	380
3	1	3	160		
3	2	0	93	15	380
3	2	1	150	30	440
3	2	2	210	350	470
3	2	3	290		
3	3	0	240	36	1 300
3	3	1	460	71	2 400
3	3	2	1 100	150	4 800
3	3	3	≥2 400		

注 1：本表采用 3 个稀释度〔10^{-1}、10^{-2}和 10^{-3}〕，每稀释度 3 管。

注 2：表内所列稀释浓度若改用 10^{0}、10^{-1}和 10^{-2}时，表内数字相应降低 10 倍；若改用 10^{-2}、10^{-3}和 10^{-4}时，表内数字应相应增加 10 倍。其余可类推。

说明：本表来自于农业部微生物肥料质量监督检验测试中心(GB/T 19524.1 标准的起草单位)。

附 录 A
（规范性附录）
培养基

A.1 乳糖胆盐发酵培养基

蛋白胨	20.0 g
猪胆盐	5.0 g
乳糖	10.0 g
0.004% 溴甲酚紫水溶液	25.0 mL
蒸馏水	1 000 mL
pH 值	7.2～7.4

制法：将蛋白胨、猪胆盐及乳糖溶解于蒸馏水中，校正 pH，加入溴甲酚紫水溶液，然后分装试管，每管 9 mL，并放入一支倒置的小套管，高压灭菌 115℃、15 min。

注 1：初发酵培养基。

注 2：粪大肠菌群细菌发酵乳糖产酸产气使培养液由紫色变成黄色，套管内充有气体。

A.2 伊红美蓝琼脂培养基

蛋白胨	10.0 g
乳糖	10.0 g
磷酸氢二钾（$K_2HPO_4 \cdot 3H_2O$）	2.0 g
琼脂	20.0 g
2%伊红 Y 水溶液	20.0 mL
0.65%美蓝水溶液	10.0 mL
蒸馏水	1 000 mL
pH 值	7.2～7.4

制法：将蛋白胨、乳糖、磷酸氢二钾溶解于蒸馏水中，校正 pH，投入琼脂并加热溶解，分装于三角瓶中，高压灭菌 115℃、15 min 备用。伊红和美蓝溶液分别高压灭菌 121℃、20 min。临用时加热熔化培养基，冷却至 50℃～55℃，加入无菌的伊红和美蓝溶液，摇匀，倾注平板。

冷却时应注意避光保存。

A.3 乳糖发酵培养基

蛋白胨	20.0 g
乳糖	10.0 g

0.004%溴甲酚紫水溶液	25.0 mL
蒸馏水	1 000 mL
pH 值	7.2～7.4

制法：将蛋白胨及乳糖溶于水中，校正 pH，加入指示剂，按检验要求分装 3 mL～5 mL，并放入 1 支倒置的小套管，高压灭菌 115℃、15 min。

附 录 B
（规范性附录）
革兰氏染色液

B.1 结晶紫染色液

甲液：	结晶紫	2.0 g
	乙醇(95%)	20 mL
乙液：	草酸铵	0.8 g
	蒸馏水	80 mL

将结晶紫研细后，加入 95%乙醇使之溶解，配成甲液。将草酸铵溶于蒸馏水中配成乙液，甲液与乙液混合，静置 48 h 后使用。

B.2 卢哥氏(Lugol)碘液

碘(I_2)	1.0 g
碘化钾(KI)	2.0 g
蒸馏水	300 mL

先将碘化钾溶解在少量蒸馏水(3 mL～5 mL)中，再将碘完全溶解在碘化钾溶液中，然后加入余下的蒸馏水。置于棕色瓶中可保存数月。

B.3 脱色液

95%的乙醇。

B.4 复染液

0.5%的番红水溶液：取 2.5 g 番红花，溶于 100 mL 无水乙醇中。取番红乙醇溶液 20 mL，加入80 mL蒸馏水，即成 0.5%番红水溶液。

第七节
GB/T 19524.2—2004《肥料中蛔虫卵死亡率的测定》
条文释义

1 范围

本标准规定了肥料中蛔虫卵死亡率的测定方法。

2 测定方法原理

将碱性溶液与肥料样品充分混合，分离蛔虫卵，然后用密度较蛔虫卵密度大的溶液为漂浮液，使蛔虫卵漂浮在溶液的表面，从而收集检验。

检验蛔虫卵的原理是先加入清水，因蛔虫卵的密度大于水的密度，使蛔虫卵沉在水底，分离后用密度较蛔虫卵大的溶液作为漂浮液，使蛔虫卵漂浮在溶液的表面，从而收集检验。

3 仪器设备

往复式振荡器；天平；离心机；金属丝圈(约 ϕ1.0 cm)；高尔特曼氏漏斗；微孔火棉胶滤膜(ϕ35 mm、孔径 0.65 μm～0.80 μm)；抽滤瓶；真空泵；显微镜；恒温培养箱及其他试验室常用仪器、物品等。

4 试剂

本标准所用试剂，在没有注明其他要求时，均指分析纯。

a) 50.0 g/L 氢氧化钠溶液；

b) 饱和硝酸钠溶液(密度 1.38～1.40)；

c) 500 mL/L 甘油溶液；

d) 20 mL～30 mL/L 甲醛溶液或甲醛生理盐水。

5 检验步骤

5.1 样品处理

称取 5.0 g～10.0 g 样品(颗粒较大的样品应先进行研磨)，放于容量为 50 mL 离心管中，注入氢氧化钠溶液 25 mL～30 mL，另加玻璃珠约 10 粒，用橡皮塞塞紧管口，放置在振荡器上，静置 30 min 后，以 200 r/min～300 r/min 频率振荡 10 min～15 min。振荡完毕，取下离心管上的橡皮塞，用玻璃棒将离心管中的样品充分搅匀，再次用橡皮塞塞紧管口，静置 15 min～30 min 后，振荡 10 min～15 min。

> **5.2 离心沉淀**
>
> 从振荡器上取下离心管，拔掉橡皮塞，用滴管吸取蒸馏水，将附着于橡皮塞上和管口内壁的样品冲入管中，以 2 000 r/min～2 500 r/min 速度离心 3 min～5 min 后，弃去上清液。然后加适量蒸馏水，并用玻璃棒将沉淀物搅起，按上述方法重复洗涤三次。

经此步骤，可去除肥料中密度较小的杂质，避免其对蛔虫卵检测的干扰。本标准第四章试剂中的密度为相对密度。

> **5.3 离心漂浮**
>
> 往离心管中加入少量饱和硝酸钠溶液，用玻璃棒将沉淀物搅成糊状后，再徐徐添加饱和硝酸钠溶液，随加随搅，直加到离管口约 1 cm 为止，用饱和硝酸钠溶液冲洗玻璃棒，洗液并入离心管中，以 2 000 r/min～2 500 r/min 速度离心 3 min～5 min。

经此步骤，可去除肥料中密度较大的杂质，蛔虫卵浮于饱和硝酸钠溶液表面。

> 用金属丝圈不断将离心管表层液膜移于盛有半杯蒸馏水的烧杯中，约 30 次后，适当增加一些饱和硝酸钠溶液于离心管中，再次搅拌、离心及移置液膜，如此反复操作 3～4 次，直到液膜涂片在低倍显微镜下观察不到蛔虫卵为止。

蛔虫卵的形态：

1）活的受精蛔虫卵：蛋白质壳为黄褐色，脱去蛋白质壳的为无色透明；平均大小为(50～70) μm×(40～50) μm；外层卵壳厚，内层壳薄，有屈光性，最外层的蛋白质壳也很厚，呈乳状或花纹状突起；卵内有一个球形的卵细胞，卵壳两端和卵细胞之间，有半月形的空隙，卵内的卵黄颗粒清晰而致密。

2）未受精蛔虫卵：多为长椭圆形，有时呈三菱形或不规则形，大小平均为(80～98) μm×(40～60) μm，一般为黄褐色，有时蛋白质壳发育不全，有时完全失去蛋白质壳，卵内经常充满大大小小油滴状的卵黄细胞。

3）死受精蛔虫卵(变性卵)：卵细胞移向一端，致使卵壳两端呈现有大小不等的半月形空隙。卵内脂肪变性，形成空泡，很像未受精卵，高温堆肥样品中卵内的空泡尤为显著。卵细胞颗粒减少或消失。卵细胞质浑浊，呈黑色或棕黑色。卵细胞向不定部位呈球状收缩。卵壳的一侧或两侧、一端或两端向内凹陷或破裂。只有蛋白质壳，而缺内容物。

5.4 抽滤镜检

将烧杯中混合悬液，通过覆以微孔火棉胶滤膜的高尔特曼氏漏斗抽滤。若混合悬液的浑浊度大，可更换滤膜。

抽滤完毕，用弯头镊子将滤膜从漏斗的滤台上小心取下，置于载玻片上，滴加二、三滴甘油溶液，于低倍显微镜下对整张滤膜进行观察和蛔虫卵计数。当观察有蛔虫卵时，将含有蛔虫卵的滤膜进行培养。

滴加甘油可使蛔虫卵在比较透明而无大气泡的视野中，便于观察和计数。

5.5 培养

在培养皿的底部平铺一层厚约 1 cm 的脱脂棉，脱脂棉上铺一张直径与培养皿相适的普通滤纸。为防止霉菌和原生动物的繁殖，可加入甲醛溶液或甲醛生理盐水，以浸透滤纸和脱脂棉为宜。

将含蛔虫卵的滤膜平铺在滤纸上，培养皿加盖后置于恒温培养箱中，在 28℃～30℃条件下培养，培养过程中经常滴加蒸馏水或甲醛溶液，使滤膜保持潮湿状态。

5.6 镜检

培养 10 d～15 d，自培养皿中取出滤膜置于载玻片上，滴加甘油溶液，使其透明后，在低倍显微镜下查找蛔虫卵，然后在高倍镜下根据形态，鉴定卵的死活，并加以计数。镜检时若感觉视野的亮度和膜的透明度不够，可在载玻片上滴一滴蒸馏水，用盖玻片从滤膜上刮下少许含卵滤渣，与水混合均匀，盖上盖玻片进行镜检。

5.7 判定

凡含有幼虫的，都认为是活卵，未孵化或单细胞的都判为死卵。

含有幼虫的判定标准：虫体的前后部没有颗粒，中部颗粒清晰而有金属光泽，有立体感。镜检时，注视或轻压，可见有轻微蠕动，强压后，有时可挤出幼虫。

5.8 结果计算

结果计算见式(1)：

$$K=100(N_1-N_2)/N_1 \quad \cdots\cdots\cdots\cdots (1)$$

式中：

K——蛔虫卵死亡率，%；

N_1——镜检总卵数；

N_2——培养后镜检活卵数。

第八节

GB/T 23349—2009《肥料中砷、镉、铅、铬、汞生态指标》条文释义

GB/T 23349—2009《肥料中砷、镉、铅、铬、汞生态指标》是一推荐性国家标准，通过被 GB 18877—2009《有机-无机复混肥料》引用而成为《有机-无机复混肥料》国家标准中的条款。在这两项标准中，铅的技术指标是不一致的。

> **1 范围**
>
> 本标准规定了肥料中砷、镉、铅、铬、汞生态指标要求、试验方法及检验规则。
>
> 本标准适用于中华人民共和国境内生产、销售的肥料。

对 GB/T 23349—2009 的适用范围作了简介，概括了 GB/T 23349—2009 的基本内容。特别强调了只适用于在我国境内生产、销售的肥料，适宜国情。

> **2 规范性引用文件**
>
> 下列文件中的条款通过本标准的引用而成为本标准的条款。凡是注日期的引用文件，其随后所有的修改单(不包括勘误的内容)或修订版均不适用于本标准，然而，鼓励根据本标准达成协议的各方研究是否可使用这些文件的最新版本。凡是不注日期的引用文件，其最新版本适用于本标准。
>
> GB/T 8170 数值修约规则与极限数值的表示和判定
>
> HG/T 2843 化肥产品 化学分析中常用标准滴定溶液、标准溶液、试剂溶液和指示剂溶液

引用的两项标准都是推荐性标准，目前两项标准的最新版本分别为 GB/T 8170—2008 和 HG/T 2843—1997，使用者可根据实际情况使用其最新版本或其他相关标准。HG/T 2843—1997 也可用 GB/T 601 系列标准代替。

> **3 要求**
>
> 3.1 肥料中砷、镉、铅、铬、汞应符合表 1 要求。

表 1

项　　目		指　　标
砷及其化合物的质量分数(以 As 计)/%	≤	0.005 0
镉及其化合物的质量分数(以 Cd 计)/%	≤	0.001 0
铅及其化合物的质量分数(以 Pb 计)/%	≤	0.020 0
铬及其化合物的质量分数(以 Cr 计)/%	≤	0.050 0
汞及其化合物的质量分数(以 Hg 计)/%	≤	0.000 5

3.2　不得在肥料中人为添加对环境、农作物生长和农产品质量安全造成危害的染色剂、着色剂等非法添加物。

本标准测得的砷、镉、铅、铬、汞是肥料中以各元素计的质量分数,不分元素的形态和价态。

作为生态指标标准,本标准还规定不得在肥料中人为添加对环境、农作物生长和农产品质量安全造成危害的染色剂、着色剂等非法添加物。对于有机-无机复混肥料,有机质本身的颜色如棕色、褐色等不属于非法添加物。

4　试验方法

本标准中所用试剂、水和溶液的配制,在未注明规格和配制方法时,均应按 HG/T 2843 的规定。

4.1　试样溶液的制备

4.1.1　实验室样品制备

按相应产品标准制备实验室样品。

不同的产品在其标准中对实验室样品制备有不同的要求,在 GB 18877—2009《有机-无机复混肥料》标准中要求将 100 g 样品研磨至全部通过 1.00 mm 孔径试验筛(如样品潮湿或很难粉碎,可研磨至全部通过 2.00 mm 孔径试验筛)作为实验室试样,作成分分析用。

4.1.2　试剂和材料

4.1.2.1　盐酸。

4.1.2.2　硝酸。

4.1.2.3　盐酸溶液:1+5。

4.1.3　装置

通常实验室用仪器和电热板,功率为 1.8 kW～2.4 kW。

盐酸和硝酸均为分析纯试剂。通常实验室用仪器主要包括分析天平、400 mL 高型烧杯、250 mL 量瓶、表面皿、漏斗和量杯等玻璃仪器。

4.1.4 试样溶液的制备

做两份试料的平行测定。

称取试样 5 g～8 g(精确至 0.1 g)于 400 mL 高型烧杯中,将烧杯置于通风橱中,加入 30 mL 盐酸和 10 mL 硝酸,盖上表面皿在电热板上徐徐加热(若反应激烈产生泡沫时,自电热板上移开放冷片刻),等激烈反应结束后,稍微移开表面皿继续加热,使酸全部蒸发至近干涸,以赶尽硝酸。冷却后加入 50 mL 盐酸溶液,加热溶解,冷却至室温后转移到 250 mL 容量瓶中,用水稀释至刻度,混匀,干过滤,弃去最初几毫升滤液,待用。

两份试料的平行测定是指从称样开始就要求称取两份,而不是称取一份,测定时再进样两次进行操作。

试样溶液的制备采用了王水消化法,有些有机-无机复混肥料在消化加热过程中产生大量泡沫,甚至会发生泡沫从高型烧杯中溢出的现象,使用高型烧杯就是为了防止泡沫溢出。遇到这种反应过分激烈的情况时,应将烧杯自电热板上移开放冷片刻后再加热,如此反复数次泡沫自然会消失。**注意!在消化过程中不能将溶液蒸干,蒸发至近干涸时应停止加热,并将烧杯自电热板上移开。**

注意:盐酸、硝酸具有腐蚀性和氧化性,相关操作应在通风橱内进行。操作者有责任采取适当的安全和健康措施。

4.1.5 空白溶液的制备

除不加试样外,其他步骤同试样溶液的制备。

由于有些试剂中含有微量的砷、镉、铅、铬和汞等,所以在进行样品测定的同时应制备空白溶液,进行空白试验。空白试验也应做平行数据。

4.2 砷含量测定

4.2.1 砷含量测定 二乙基二硫代氨基甲酸银分光光度法(仲裁法)

4.2.1.1 原理

在酸性介质中,五价砷通过碘化钾、氯化亚锡及初生态氢还原为砷化氢(AsH_3),用二乙基二硫代氨基甲酸银的吡啶溶液吸收,生成红色可溶性胶态银,在波长 540 nm 处测定其吸光度,吸光度的大小与砷含量成正比。

实验测得 AsH_3 与[Ag(DDTC)]反应所得红色胶态银，此胶态银粒子半径为 25 nm～35 nm 时，则在波长 522 nm～540 nm 处有最大的吸收峰。

4.2.1.2 试剂和材料

4.2.1.2.1 盐酸。

4.2.1.2.2 抗坏血酸。

4.2.1.2.3 无砷金属锌粒。

4.2.1.2.4 碘化钾溶液：150 g/L。

4.2.1.2.5 二乙基二硫代氨基甲酸银[Ag(DDTC)]吡啶溶液：5 g/L。溶解 1.25 g 二乙基二硫代氨基甲酸银于吡啶中，并用同样吡啶稀释至 250 mL 棕色容量瓶中，避免光线照射，可在两周内保持稳定。

4.2.1.2.6 氯化亚锡-盐酸溶液：溶解 40 g 氯化亚锡($SnCl_2 \cdot 2H_2O$)在 25 mL 水和 75 mL 盐酸的混合液中。

4.2.1.2.7 乙酸铅棉花：溶解 50 g 乙酸铅[$Pb(C_2H_3O_2)_2 \cdot 3H_2O$]于 250 mL 水中，用此溶液将脱脂棉浸透，取出挤干以除去多余溶液，储存在密闭容器中。

4.2.1.2.8 砷标准溶液：0.1 mg/mL。

4.2.1.2.9 砷标准溶液：0.002 5 mg/mL。吸取 2.50 mL 砷标准溶液(4.2.1.2.8)置于 100 mL 容量瓶中，用水稀释至刻度，混匀。此溶液 1 mL 含砷 2.5 μg，使用时制备。

也可配制 1 mg/mL 的砷标准溶液，使用时稀释。1 mg/mL 的砷标准溶液配制如下：称取 1.32 g 于硫酸干燥器中干燥至恒量的三氧化二砷(As_2O_3)，在温热情况下溶于 3 mL 氢氧化钠溶液(270 g/L)中，移入 1 000 mL 量瓶内，稀释至刻度，混匀。

砷标准溶液也可外购有证标准物质。

4.2.1.3 装置

测定砷的所有玻璃容器，应用浓硫酸-重铬酸钾洗液洗涤，再以水清洗干净，干燥备用。

4.2.1.3.1 通常实验室仪器。

4.2.1.3.2 定砷仪：如图 1 所示，或其他经实验证明，在规定的检验条件下，能给出相同结果的定砷仪。

4.2.1.3.3 分光光度计：带有光程为 1 cm 吸收池。

4.2.1.4 分析步骤

由于吡啶有恶臭，操作应在通风橱中进行。

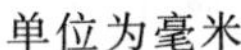
单位为毫米

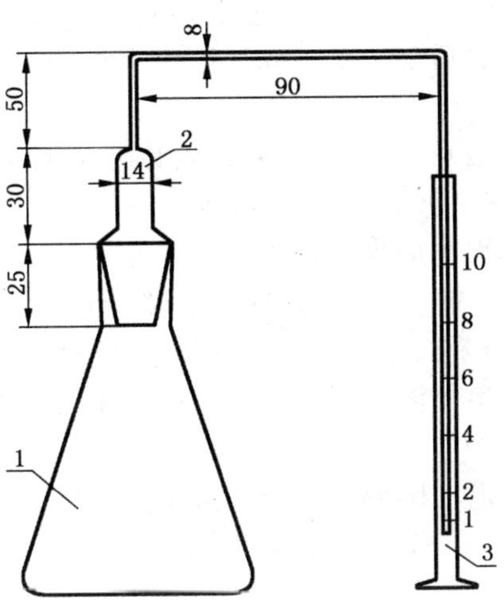

图中：

1——100 mL 锥形瓶，用于发生砷化氢；

2——连接管，用于捕集硫化氢；

3——10 mL 量筒，吸收砷化氢用。

图 1　定砷仪

用[Ag(DDTC)]光度法测定砷时，应先将水溶液中砷离子转变为气态胂(AsH_3)，使之吸收显色，再用分光光度法测定。影响砷测定结果因素有：氯化亚锡用量、酸度、碘化钾用量，As^{5+} 还原为 As^{3+} 所需时间，锌粒用量与其颗粒大小(以 10 目～20 目，表面粗糙比光滑好)及逸出胂的时间(控制插入吸收液中导管的出口直径，一般要求≤1 mm)。15 球吸收管改为 10 mL 量筒(避免溶液倒流、冲出、难洗涤等缺点)插入尖端与底部溶液距离 0.5 mm 左右。使之完全吸收。

4.2.1.4.1　工作曲线的绘制：按表 2 所示，吸取砷标准溶液(4.2.1.2.9)分别置于 6 个锥形瓶(图 1 中 1)中。

表 2

砷标准溶液体积/mL	相应砷含量/μg
0	0
1.0	2.5
2.0	5.0
4.0	10.0
6.0	15.0
8.0	20.0

于各锥形瓶中加 10 mL 盐酸和一定量水，必须使体积约为 40 mL，此时溶液酸度为 c(HCl)=3 mol/L。然后加入 2.0 mL 碘化钾溶液和 2.0 mL 氯化亚锡溶液，混匀，放置 15 min。

置少量乙酸铅棉花于玻璃管(图 1 中 2)内以吸收硫化氢、二氧化硫等。吸取 5.0 mL 二乙基二硫代氨基甲酸银吡啶溶液置于 10 mL 量筒内，按图 1 连接仪器，磨口玻璃吻合处在反应过程中应保持密封。

称量 5 g 锌粒加入锥形瓶中，迅速连接好仪器，使反应进行约 45 min。移去量筒，充分摇匀溶液所生成的紫红色胶态银。用 1 cm 吸收池，在波长 540 nm 处，以砷含量为 0 的标准溶液为参比溶液，调节分光光度计吸光度为零后，测定各标准溶液的吸光度。

显色溶液在暗处可稳定 2 h，测定应在此期间进行。

以标准溶液的砷含量(μg)为横坐标，相应的吸光度为纵坐标，绘制工作曲线或回归线性方程。

掌握乙酸铅棉花用量，太少吸收硫化氢、二氧化硫不完全，太多堵塞导气管，使砷化氢(AsH_3)难以被[Ag(DDTC)]吡啶溶液完全吸收。

4.2.1.4.2 测定：吸取一定量的试液(使其砷含量小于 20 μg，体积在 30 mL 以下)于 100 mL 锥形瓶(图 1 中的 1)中，加 10 mL 盐酸；补充水使其体积约为 40 mL，加入 1 g 抗坏血酸。以下按 4.2.1.4.1 规定的操作步骤，从“然后加入 2.0 mL 碘化钾溶液和 2.0 mL 氯化亚锡溶液，混匀，放置 15 min。……”开始，直至“……测定溶液的吸光度”为止完成测定。从工作曲线或线性方程求出相应的砷的含量。

导气管应预先插入 Ag(DDTC) 吡啶溶液中，准备工作就绪，最后轻轻打开锥形瓶盖，加入 5 g 锌粒(大颗粒比小颗粒反应稍慢)。迅速连接好仪器。以防 AsH_3 损失，使数据偏低。

4.2.1.4.3 空白试验：采用空白溶液，其他步骤同样品测定。

4.2.1.5 分析结果的表述

砷及其化合物以砷(As)的质量分数 w_1 计，数值以%表示，按式(1)计算：

$$w_1 = \frac{(c_1 - c_{01}) \times 250}{m_1 V_1 \times 10^6} \times 100 \qquad \cdots\cdots(1)$$

式中：

c_1——试样溶液中砷的含量的数值，单位为微克(μg)；

c_{01}——空白溶液中砷的含量的数值，单位为微克(μg)；

250——试样溶液总体积的数值，单位为毫升(mL)；

m_1——试料的质量的数值，单位为克(g)；

V_1——测定时，所取试液体积的数值，单位为毫升(mL)。

取平行测定结果的算术平均值为测定结果。

计算结果表示到小数点后五位。

4.2.1.6　**允许差**

平行测定结果的相对偏差应符合表 3 要求。

表 3

砷含量/%	允许相对偏差/%
≤0.000 1	100
0.000 1～0.002 0	50
≥0.002 0	25

4.2.2　**砷的测定　砷斑法(Gutzeit 法)**

4.2.2.1　**原理**

在酸性介质中,五价砷通过碘化钾、氯化亚锡及初生态氢还原为砷化氢(AsH_3),再与溴化汞试纸接触反应,生成的黄色色斑深浅与砷浓度成正比,再与同时按同样操作所生成的系列标准色斑比较,求出试样中砷含量。

4.2.2.2　**试剂和材料**

4.2.2.2.1　盐酸。

4.2.2.2.2　无砷金属锌粒。

4.2.2.2.3　碘化钾溶液:150 g/L。

4.2.2.2.4　氯化亚锡-盐酸溶液:同 4.2.1.2.6。

4.2.2.2.5　乙酸铅棉花:同 4.2.1.2.7。

4.2.2.2.6　溴化汞试纸:称取 1.25 g 溴化汞溶于 25 mL 无水乙醇中,将定量滤纸放在溶液中浸泡 1 h,取出暗处晾干,保存于密闭棕色瓶中。

4.2.2.2.7　砷标准溶液:0.1 mg/mL。

4.2.2.2.8　砷标准溶液:0.002 5 mg/mL。同 4.2.1.2.9。

4.2.2.3　**装置**

测定砷的所有玻璃容器,必须用浓硫酸-重铬酸钾洗液洗涤,再以水清洗干净,干燥备用。

4.2.2.3.1　通常实验室仪器。

4.2.2.3.2　定砷器:如图 2 所示,或其他经实验证明,在规定的检验条件下,能给出相同结果的定砷器。

使用时,将溴化汞试纸夹在玻璃管上端管口(图 2 中的 4)与玻璃帽(图 2 中的 5)中间,用橡皮圈将其固定。

4.2.2.4　**分析步骤**

吸取一定量的试液(使其砷含量小于 5 μg,体积在 30 mL 以下)和一系列砷标准溶液(4.2.2.2.8)(0 mL,0.5 mL,1.0 mL,1.5 mL,2.0 mL,相应砷含量为 0 μg,1.25 μg,2.50 μg,3.75 μg,5.00 μg)分别置于各广口瓶(图 2 中的 1)中,加 10 mL 盐酸和一定量水于各广口瓶中,必须使体积约为 40 mL,此时溶液酸度为 $c(HCl)=3$ mol/L。然后加入 2.0 mL 碘化钾溶液和 2.0 mL 氯化亚锡溶液,混匀,放置 15 min。

单位为毫米

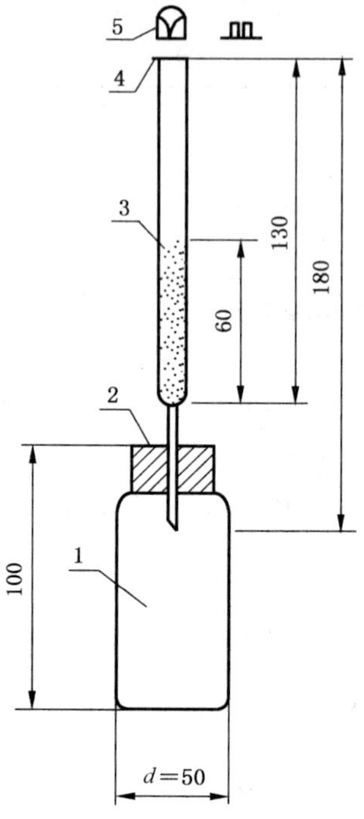

图中：

1——广口瓶；

2——胶塞；

3——玻璃管；

4——玻璃管上端管口；

5——玻璃帽。

图 2　定砷器

放少量乙酸铅棉花于玻璃管(图 2 中的 3)内以吸收硫化氢、二氧化硫等。按 4.2.2.3.2 仪器要求，将溴化汞试纸固定。

称量 5 g 锌粒到广口瓶中，迅速按图 2 所示连接好仪器。

使反应在暗处进行 1 h～1.5 h，取下溴化汞试纸，以试液的溴化汞试纸颜色与砷标准溶液系列色阶比较，求出试液中砷含量。

空白试验：采用空白溶液，其他步骤同样品测定。

4.2.2.5　分析结果的表述

砷及其化合物以砷(As)的质量分数 w_2 计，数值以%表示，按式(2)计算：

$$w_2=\frac{(c_2-c_{02})\times 250}{m_2V_2\times 10^6}\times 100 \qquad\qquad (2)$$

式中：

c_2——与标准色阶比较得出试样溶液中砷含量的数值，单位为微克(μg)；

c_{02}——与标准色阶比较得出空白溶液中砷含量的数值，单位为微克(μg)；

250——试样溶液总体积的数值，单位为毫升(mL)；

m_2——试料质量的数值，单位为克(g)；

V_2——测定时，所取试液体积的数值，单位为毫升(mL)。

取平行测定结果的算术平均值为测定结果。

4.2.2.6 允许差

平行测定结果的相对偏差应符合表3要求。

微量砷的分析方法应用最广泛的首推二乙基二硫代氨基甲酸银分光光度法[Ag(DDTC)]，已被许多国家列为分析微量砷的标准方法。

砷斑法为半定量法，可避免接触Ag(DDTC)方法中试剂吡啶的毒性。

Ag(DDTC)法与砷斑法的对比验证试验结果表明砷斑法在砷含量较低时与Ag(DDTC)分光光度法的测定结果基本一致，因此在本标准中将Ag(DDTC)分光光度法作为仲裁法，砷斑法作为第二方法。

4.3 镉含量测定 原子吸收分光光度法

4.3.1 原理

试样溶液中的镉，经原子化器将其转变成原子蒸气，产生的原子蒸气吸收从镉空心阴极灯射出的特征波长228.8 nm的光，吸光度的大小与镉基态原子浓度成正比。

原子吸收分光光度法是基于从光源辐射出具有待测元素特征谱线的光，通过试样蒸气时被蒸气中待测元素基态原子所吸收，由辐射特征谱线光被减弱的程度来测定试样中特测元素含量的方法。其理论基础是朗白定律。

原子化器可以是火焰原子法中的雾化器和燃烧器或无火焰原子法中石墨炉等。

4.3.2 试剂和材料

4.3.2.1 盐酸溶液：$c(HCl)=0.5$ mol/L。

4.3.2.2 镉标准溶液：1 mg/mL。

4.3.2.3 镉标准溶液：0.01 mg/mL。吸取10.0 mL镉标准溶液(4.3.2.2)于1 000 mL容量瓶中，用盐酸溶液稀释至刻度，混匀。

4.3.2.4 溶解乙炔或惰性气体(石墨炉法使用)。

镉标准溶液1 mg/mL的配置可以按HG/T 2843—1997标准执行，配制方法如下：称取2.03 g氯化镉($CdCl_2 \cdot \frac{5}{2}H_2O$)，溶于水，移入1 000 mL量瓶中，稀释至刻度，混匀。

镉标准溶液也可外购有证标准物质。

溶解乙炔用于火焰分光光度法中;惰性气体可以是氮气或氩气,在石墨炉法中使用。

4.3.3 **装置**

4.3.3.1 通常实验室仪器。

4.3.3.2 原子吸收分光光度计(有背景校正装置),配有镉空心阴极灯和空气-乙炔燃烧器或石墨炉。

原子吸收分光光度法测定镉选择性好、精密度高,除钙以外其余元素都无干扰,钙的干扰可以用背景校正来消除,所以原子吸收仪应配有背景校正装置。燃烧器在火焰原子化法中使用,而石墨炉在无火焰原子化法中使用,两者任选其一。

4.3.4 **分析步骤**

4.3.4.1 工作曲线的绘制:按表4所示,吸取镉标准溶液(4.3.2.3)置于6个100 mL容量瓶中,用盐酸溶液稀释至刻度,混匀。

表 4

镉标准溶液体积/mL	相应镉的浓度/(μg/mL)
0	0
0.5	0.05
1.0	0.1
2.0	0.2
4.0	0.4
8.0	0.8

进行测定前,根据待测元素性质,参照仪器使用说明书,进行最佳工作条件选择。

然后,于波长228.8 nm处,使用空气-乙炔氧化火焰或石墨炉,以镉含量为0的标准溶液为参比溶液,调节原子吸收分光光度计的吸光度为零后,测定各标准溶液的吸光度。

以各标准溶液中镉的浓度(μg/mL)为横坐标,相应的吸光度为纵坐标,绘制工作曲线或回归线性方程。

4.3.4.2 测定:将试样溶液不经稀释或根据镉含量将试样溶液用盐酸溶液稀释至一定倍数后,在与测定标准溶液相同的条件下,测得试样溶液的吸光度,从工作曲线或线性方程求出相应的镉浓度(μg/mL)。

4.3.4.3 空白试验:采用空白溶液,其他步骤同样品测定。

标准溶液用盐酸溶液来稀释的目的是使标准溶液与样品溶液保持同样的酸度，其浓度范围可根据仪器的灵敏度来选择；仪器的最佳工作条件选择包括燃烧头高度和位置、燃气及助燃气流量比和压力、吸喷量、火焰类型等参数的选择。

标准溶液测定时应按浓度从低到高依次进行；若样品中镉含量太高，直接测定时超出标准溶液的浓度范围，此时应将样品溶液稀释后再测定，具体操作是：吸取一定量试样溶液置于 100 mL 量瓶中，用盐酸溶液稀释至刻度，混匀后再进行测定。

样品测定应在标准溶液测定后立即进行，以保持仪器操作条件的一致性。

每次测定时都应先进行标准溶液的测定。

空白试验应与样品测定同时进行。

4.3.5 分析结果的表述

镉及其化合物以镉(Cd)的质量分数 w_3 计，数值以%表示，按式(3)计算：

$$w_3 = \frac{(c_3 - c_{03}) \times 250 \times D_1}{m_3 \times 10^6} \times 100 \quad \cdots\cdots(3)$$

式中：

c_3——试样溶液中镉的浓度的数值，单位为微克每毫升(μg/mL)；

c_{03}——空白溶液中镉的浓度的数值，单位为微克每毫升(μg/mL)；

250——试样溶液总体积的数值，单位为毫升(mL)；

D_1——测定时试样溶液的稀释倍数的数值；

m_3——试料质量的数值，单位为克(g)。

取平行测定结果的算术平均值为测定结果。

计算结果表示到小数点后五位。

如果样品溶液中镉含量较低，不经稀释直接进行测定时，稀释倍数 D_1 的数值就是 1。

4.3.6 允许差

平行测定结果的相对偏差应符合表 5 要求。

表 5

镉含量/%	允许相对偏差/%
≤0.000 1	100
0.000 1～0.002 0	50
≥0.002 0	25

这里的镉含量是以质量分数为测定值，按不同的含量情况而规定不同的允许相对偏差。

4.4 **铅含量测定 原子吸收分光光度法**

4.4.1 **原理**

试样溶液中的铅，经原子化器将其转变成原子蒸气，所产生的原子蒸气吸收从铅空心阴极灯射出的特征波长 283.3 nm 的光，吸光度的大小与铅基态原子浓度成正比。

其原理与镉测定的方法相同。

4.4.2 **试剂和材料**

4.4.2.1 盐酸溶液：$c(HCl)=0.5$ mol/L。

4.4.2.2 铅标准溶液：1 mg/mL。

4.4.2.3 铅标准溶液：0.1 mg/mL。吸取 10.0 mL 铅标准溶液（4.4.2.2）于 100 mL 容量瓶中，用盐酸溶液稀释至刻度，混匀。

4.4.2.4 溶解乙炔或惰性气体（石墨炉法使用）。

铅标准溶液 1 mg/mL 的配置可以按 HG/T 2843—1997 标准执行，配制方法如下：称取 1.60g 硝酸铅[$Pb(NO_3)_2$]，加 10 mL 硝酸溶液（1+9）溶解，移入 1 000 mL 量瓶中，稀释至刻度，混匀。

铅标准溶液也可外购有证标准物质。

溶解乙炔用于火焰分光光度法中；惰性气体可以是氮气或氩气，在石墨炉法中使用。

4.4.3 **装置**

4.4.3.1 通常实验室仪器；

4.4.3.2 原子吸收分光光度计，配有铅空心阴极灯和空气-乙炔燃烧器或石墨炉。

4.4.4 **分析步骤**

4.4.4.1 工作曲线的绘制：按表 6 所示，吸取铅标准溶液（4.4.2.3）分别置于 5 个 100 mL 容量瓶中，用盐酸溶液稀释至刻度，混匀。

表 6

铅标准溶液体积/mL	相应铅的浓度/(μg/mL)
0	0
1.0	1.0
2.0	2.0
4.0	4.0
8.0	8.0

进行测定前，根据待测元素性质，参照仪器使用说明书，进行最佳工作条件选择。

然后，于波长 283.3 nm 处，使用空气-乙炔氧化火焰或石墨炉，以铅含量为 0 的标准溶液为参比溶液，调节原子吸收分光光度计的吸光度为零后，测定各标准溶液的吸光度。

以各标准溶液中铅的浓度(μg/mL)为横坐标，相应的吸光度为纵坐标，绘制工作曲线或回归线性方程。

4.4.4.2 测定：将试样溶液不经稀释或根据铅含量将试样溶液用盐酸溶液稀释至一定倍数后，在与测定标准溶液相同的条件下，测得试样溶液的吸光度，从工作曲线或线性方程求出相应的铅浓度(μg/mL)。

4.4.4.3 空白试验：采用空白溶液，其他步骤同样品测定。

4.4.5 分析结果的表述

铅及其化合物以铅(Pb)的质量分数 w_4 计，数值以%表示，按式(4)计算：

$$w_4 = \frac{(c_4 - c_{04}) \times 250 \times D_2}{m_4 \times 10^6} \times 100 \quad \cdots\cdots\cdots\cdots(4)$$

式中：

c_4——试样溶液中铅的浓度的数值，单位为微克每毫升(μg/mL)；

c_{04}——空白溶液中铅的浓度的数值，单位为微克每毫升(μg/mL)；

250——试样溶液总体积的数值，单位为毫升(mL)；

D_2——测定时试样溶液的稀释倍数的数值；

m_4——试料质量的数值，单位为克(g)。

取平行测定结果的算术平均值为测定结果。

计算结果表示到小数点后五位。

4.4.6 允许差

平行测定结果的相对偏差应符合表 7 要求。

表 7

铅含量/%	允许相对偏差/%
≤0.000 1	100
0.000 1～0.002 0	50
≥0.002 0	25

4.5 铬含量测定 原子吸收分光光度法

4.5.1 原理

试样溶液中的铬，经原子化器将其转变成原子蒸气，产生的原子蒸气吸收从铬空心阴极灯射出的特征波长 357.9 nm 的光，吸光度的大小与铬基态原子浓度成正比。

其原理与镉测定的方法相同。

铬含量的测定通常有 4 种方法:(1)高锰酸钾法;(2)过氧化氢法;(3)原子吸收分光光度法;(4)二苯碳酰肼分光光度法。这 4 种方法中,高锰酸钾法是日本工业标准(JIS)中"铁矿石中铬的分析方法"作为法定方法后采用的,该方法适合于分析含铬量较高的试样,但肥料中铬含量通常在 0.03%~0.08%,因此该方法缺乏广泛的适用性。过氧化氢法的操作条件较严格,其中萃取过程中的操作,要求在低温下(10 ℃以下)进行,在我国大部分地区使用该方法时比较麻烦。二苯碳酰肼分光光度法是测定微量铬的经典方法,在日本肥料分析方法和中国台湾肥料标准中均被采用,但此方法对样品的前处理过程极为繁琐,须先用铂金坩埚灰化样品,再用碳酸钠和硝酸钠的混合物熔融样品,使三价铬氧化为六价铬,最后再将熔融物用水萃取出来,经过滤后才能测定。原子吸收分光光度法,操作简易,测定时间短,样品处理简单,且与砷、镉、铅、汞一致。故在本标准中选用原子吸收分光光度法测定铬含量。

4.5.2 试剂和材料

4.5.2.1 盐酸溶液:$c(HCl)=0.5$ mol/L。

4.5.2.2 铬标准溶液:1 mg/mL。

铬标准溶液 1 mg/mL 的配置:

称取 2.83 g 于 120 ℃干燥 4h 的重铬酸钾($K_2Cr_2O_7$),溶于水,移入 1000 mL 量瓶中,稀释至刻度,混匀。

称取 3.73 g 于 105 ℃干燥至恒重的铬酸钾(K_2CrO_4),溶于含有 1 滴氢氧化钠溶液(100 g/L)的水中,移入 1 000 mL 量瓶内,稀释至刻度,混匀。

铬标准溶液也可外购有证标准物质。

4.5.2.3 铬标准溶液:0.1 mg/mL。吸取 10.0 mL 铬标准溶液(4.5.2.2)于 100 mL 容量瓶中,用盐酸溶液稀释至刻度,混匀。

4.5.2.4 溶解乙炔或惰性气体(石墨炉法使用)。

溶解乙炔用于火焰分光光度法中;惰性气体可以是氮气或氩气,在石墨炉法中使用。

4.5.3 装置

4.5.3.1 通常实验室仪器;

4.5.3.2 原子吸收分光光度计,配有铬空心阴极灯和空气-乙炔燃烧器或石墨炉。

4.5.4 分析步骤

4.5.4.1 工作曲线的绘制:按表 8 所示,吸取铬标准溶液(4.5.2.3)置于 5 个 100 mL 容量瓶中,用盐酸溶液稀释至刻度,混匀。

表 8

铬标准溶液体积/mL	相应铬的浓度/(μg/mL)
0	0
0.5	0.5
1.0	1.0
2.0	2.0
4.0	4.0

进行测定前，根据待测元素性质，参照仪器使用说明书，进行最佳工作条件选择。

然后，于波长 357.9 nm 处，使用空气-乙炔还原火焰或石墨炉，以铬含量为 0 的标准溶液为参比溶液，调节原子吸收分光光度计的吸光度为零后，测定各标准溶液的吸光度。

以各标准溶液中铬的浓度(μg/mL)为横坐标，相应的吸光度为纵坐标，绘制工作曲线或回归线性方程。

4.5.4.2 测定：将试样溶液不经稀释或根据铬含量将试样溶液用盐酸溶液稀释至一定倍数后，在与测定标准溶液相同的条件下，测得试样溶液的吸光度，从工作曲线或线性方程求出相应的铬浓度(μg/mL)。

测定时应注意：

用贫焰测定铬干扰较少，但灵敏度低；用富燃黄色焰测定铬，灵敏度较高，但共存元素干扰较大。测定铬的灵敏度和共存元素干扰受火焰状态的影响，在测定中要特别注意。

铬浓度在 0～4.0 μg/mL 时，工作曲线能得到较好的线性，所以测定用试液中铬浓度必须小于 4.0 μg/mL。

4.5.4.3 空白试验：采用空白溶液，其他步骤同样品测定。

4.5.5 分析结果的表述

铬及其化合物以铬(Cr)的质量分数 w_5 计，数值以%表示，按式(5)计算：

$$w_5 = \frac{(c_5 - c_{05}) \times 250 \times D_3}{m_5 \times 10^6} \times 100 \qquad \cdots\cdots(5)$$

式中：

c_5——试样溶液中铬的浓度的数值，单位为微克每毫升(μg/mL)；

c_{05}——空白溶液中铬的浓度的数值，单位为微克每毫升(μg/mL)；

250——试样溶液总体积的数值，单位为毫升(mL)；

D_3——测定时试样溶液的稀释倍数的数值；

m_5——试料质量的数值，单位为克(g)。

取平行测定结果的算术平均值为测定结果。

计算结果表示到小数点后五位。

4.5.6 允许差

平行测定结果的相对偏差应符合表9要求。

表 9

铬含量/%	允许相对偏差/%
≤0.000 1	100
0.000 1～0.002 0	50
≥0.0020	25

4.6 汞含量测定 氢化物发生-原子吸收分光光度法

4.6.1 原理

试样溶液中的汞，用硼氢化钾将其还原成金属汞，用氮气流将汞蒸气载入冷原子吸收仪，汞原子蒸气对波长253.7 nm的紫外光具有强烈的吸收作用，吸光度的大小与汞蒸气浓度成正比。

常用微量汞的测定方法有冷原子吸收法、冷原子荧光法和双硫腙分光光度法等。双硫腙是应用最广泛的显色剂，用氯仿萃取可测定微量汞，但该试剂本身和试剂-汞的络合物都不稳定，而且操作繁琐，对仪器和其他试剂的要求极高，方法的灵敏度却不够高；为了与标准中其他元素的测定方法保持一致，也没有采用冷原子荧光法；冷原子吸收法是将氢化物发生器与原子吸收分光光度法相结合，是测定微量汞较为快速、准确的方法，且灵敏度高，仪器简单，是目前应用最多、最成功的测汞方法。试液溶液的制备我们采用盐酸-硝酸（王水）溶解法。

试样溶液中的汞，用硼氢化钾将其还原成金属汞，用氮气流将汞蒸气载入冷原子吸收仪，汞原子蒸气对波长253.7 nm的紫外光具有强烈的吸收作用，吸光度的大小与汞蒸气浓度成正比，从工作曲线求得试样中汞含量。

4.6.2 试剂和材料

4.6.2.1 硝酸。

4.6.2.2 硝酸溶液：1＋1。

4.6.2.3 硫酸溶液：4%。

4.6.2.4 重铬酸钾溶液：5 g/L。

4.6.2.5 硼氢化钾碱性溶液：1.25 g/L。称取0.50 g硼氢化钾和0.50 g氢氧化钾于500 mL烧杯中，用水溶解并配制成400 mL溶液。

4.6.2.6 汞标固定液：将0.5 g重铬酸钾溶于950 mL水中，再加50 mL硝酸。

4.6.2.7 汞标准溶液：0.1 mg/mL。称取0.135 4 g氯化汞（$HgCl_2$）于250 mL烧杯中，用汞标固定溶液溶解后移入1 000 mL棕色容量瓶中，再用汞标固定液稀释至刻度，混匀。

4.6.2.8　汞标准溶液：5 μg/mL。吸取 25.0 mL 汞标准溶液(4.6.2.7)于 500 mL 棕色容量瓶中，用汞标准固定液稀释至刻度，混匀。

4.6.2.9　汞标准溶液：0.5 μg/mL。吸取 10.0 mL 汞标准溶液(4.6.2.8)于 100 mL 棕色容量瓶中，用汞标准固定液稀释至刻度，混匀。

硼氢化钾碱性溶液不太稳定，溶液放置时间不宜过长。

汞标准溶液也可外购有证标准物质。

4.6.3　装置

4.6.3.1　通常实验室仪器。

4.6.3.2　原子吸收分光光度计，配有氢化物发生器和汞空心阴极灯。

4.6.4　分析步骤

4.6.4.1　工作曲线的绘制：按表 10 所示，吸取汞标准溶液(4.6.2.9)置于 5 个 100 mL 容量瓶中，分别加入 10 mL 重铬酸钾溶液和 10 mL 硝酸溶液，用水稀释至刻度，混匀。

表 10

汞标准溶液体积/mL	相应汞的浓度/(ng/mL)
0	0
0.5	2.5
1.0	5
2.0	10
4.0	20

进行测定前，根据待测元素性质，参照仪器使用说明书，选择最佳工作条件，以硼氢化钾碱性溶液作为还原剂，硫酸溶液作为载流，于波长 253.7 nm 处，以汞含量为 0 的标准溶液为参比溶液，测定各标准溶液的吸光度。

以各标准溶液中汞的浓度(ng/mL)为横坐标，相应的吸光度为纵坐标，绘制工作曲线或回归线性方程。

选择最佳工作条件包括以下 3 种情况：

1）载气流量的选择

实验中用氮气将氢化物发生器中的汞蒸气带入到 T 型石英管中进行测定，因此导气流量大小将直接影响测定结果，流量太大时重现性差，流量太小时出峰时间太长，且峰高读数值减少。本方法中选择不同载气流量 80 mL/min、120 mL/min、150 mL/min、200 mL/min、400 mL/min 对浓度为 0.5 μg/L 的汞标准溶液进行测定，硼氢化钾浓度选择 1.25 g/L，其结果如表 4 所示：

表 4　载气流量的影响

载气流量/(mL/min)	吸光度读数(A)		
	第一次	第二次	第三次
80	0.031	0.027	0.029
120	0.097	0.093	0.097
150	0.103	0.096	0.097
200	0.108	0.103	0.105
400	0.116	0.090	0.125

当载气流量为 80 mL/min 时，仪器的灵敏度低，吸光度读数降低，这是因为出峰缓慢，峰形状低且较平的缘故；当载气流量在 120 mL/min～200 mL/min 时，吸光度读数没有显著性差异；但当流量增加到 400 mL/min 时，测定结果显得较为不稳定，重现性差。在以下实验中，载气流速选择在 120 mL/min 左右。

2）硼氢化钾浓度的影响

硼氢化钾溶液作为还原剂，其作用是将溶液中的汞离子还原成金属汞，所以其浓度将直接影响汞的还原效果，由于汞易还原，在仪器的使用说明书中介绍硼氢化钾浓度可在 0.001%～0.5%之间，在我们的条件试验中，对硼氢化钾浓度分别为 0.25 g/L、1.25 g/L、6.25 g/L 进行了比较试验，载气流速选择 120 mL/min，结果表明浓度为 0.25 g/L 和 1.25 g/L 的硼氢化钾对检测结果没有显著性差异，但当浓度为 6.25 g/L 时，空白溶液的吸光度竟高达 0.125，说明硼氢化钾浓度高将引起一定的正误差，根据氢化物发生器使用说明书的推荐，故将实验中还原剂硼氢化钾的浓度选择为 1.25 g/L。

3）工作曲线的线性范围

为了使实验能得到较好的测定结果，必须先对工作曲线进行线性范围的测定。

实验采用浓度为 0.5 μg/L 的汞标准溶液配制成浓度为 0～40 ng/mL 的标准溶液系列进行测定，其结果表明，浓度在 0～20 ng/mL 时，工作曲线能得到较好的线性，当浓度为 40 ng/mL 时，就偏离了线性，但其读数值是在直线上方，其中原因还待进一步探索。在对样品进行测定时，溶液浓度应控制在 2.5 ng/mL～15 ng/mL 之间。

不同型号的仪器有不同的最佳工作条件，操作时应进行必要的选择性条件试验。

4.6.4.2　测定：吸取一定量的试样溶液于 100 mL 容量瓶中，加入 10 mL 重铬酸钾溶液和 10 mL 硝酸溶液，用水稀释至刻度，混匀，作为测定用试液（汞浓度必须小于 20 ng/mL）。在与测定标准溶液相同的条件下，测得试液的吸光度，从工作曲线或线性方程求出相应的汞浓度（ng/mL）。

4.6.4.3　空白试验：采用空白溶液，其他步骤同样品测定。

4.6.5　分析结果的表述

汞及其化合物以汞（Hg）的质量分数 w_6 计，数值以%表示，按式（6）计算：

$$w_6 = \frac{(c_6 - c_{06}) \times 100}{(m_6 \times V_3/250) \times 10^9} \times 100 \quad \cdots\cdots (6)$$

式中：

c_6——试样溶液中汞的浓度的数值，单位为纳克每毫升（ng/mL）；

c_{06}——空白溶液中汞的浓度的数值，单位为纳克每毫升（ng/mL）；

100——试样溶液稀释后的总体积的数值，单位为毫升（mL）；

m_6——试料质量的数值，单位为克（g）；

V_3——吸取一定量试样溶液体积的数值，单位为毫升（mL）；

250——试样溶液总体积的数值，单位为毫升（mL）。

取平行测定结果的算术平均值为测定结果。

计算结果表示到小数点后五位。

4.6.6　允许差

平行测定结果的相对偏差应符合表 11 要求。

表 11

汞含量/%	允许相对偏差/%
≤0.000 1	100
0.000 1～0.002 0	50
≥0.002 0	25

5　检验规则

5.1　检验类别及检验项目

砷、镉、铅、铬、汞的质量分数为型式检验，检验项目为表 1 的全部内容。型式检验在下列情况时，应进行测定：

a）　正式生产时，原料、工艺及设备发生变化；

b）　正式生产时，定期或积累到一定量后，应周期性进行一次检验；

c）　国家质量监督机构提出型式检验的要求时。

产品检验分出厂检验和型式检验。产品交货时必须进行的各项试验，称为出厂检验。对产品质量进行全面考核，即对标准中规定的技术要求全部检验，称为型式检验。

当出现以上所列出的三种情况之一时，应对砷、镉、铅、铬和汞进行检验，或按相应的产品标准或按相应的检查细则进行检验。

5.2　组批

产品按批检验，以一天或两天的产量为一批，最大批量按相应产品标准规定。

5.3　采样方案

按相应产品标准进行取样。

5.4　样品缩分和试样制备

按相应产品标准进行。

组批、采样方案、样品缩分和试样制备均执行相应的产品标准。

5.5　结果判定

5.5.1　本标准中产品质量指标合格判断，采用 GB/T 8170 中“修约值比较法”。

按 GB/T 8170《数值修约规则与极限数值的表示方法》对测定结果（以质量分数计）进行修约，修约到与标准中技术指标相同的有效位数，再进行比较，判定是否符合本标准要求。

5.5.2　型式检验的项目全部符合本标准要求时，判该批产品的砷、镉、铅、铬、汞生态指标合格。

5.5.3　如果检验结果中有一项指标不符合本标准要求时，应重新自二倍量的包装袋中采取样品进行检验，重新检验结果中，即使有一项指标不符合本标准要求，判该批产品不合格。

如在肥料产品标准中或抽查细则中引用了本标准，就应按本标准的要求对肥料中砷、镉、铅、铬、汞及其化合物的质量分数进行测定和判定，只有当检验结果符合本标准中表 1 的要求时，判该批产品的砷、镉、铅、铬、汞生态指标合格。

第九节
GB/T 22923—2008《肥料中氮、磷、钾的自动分析仪测定法》条文释义

GB/T 22923—2008《肥料中氮、磷、钾的自动分析仪测定法》是用仪器法测定肥料中氮、磷、钾含量的标准，为化学法测定提供了一种替代方法。

> **1 范围**
>
> 本标准规定了使用自动分析仪测定肥料中氮、磷、钾含量的方法。
>
> 本标准适用于肥料中氮、磷、钾含量的测定。
>
> 流动分析仪法不适用于含有机质的肥料，氮含量的测定方法不适用于含氮量大于40%的肥料。

本标准规定的方法是用仪器法测定肥料中氮、磷、钾的含量，其中氮的含量不能超过40%，同时为了避免颜色的干扰，流动分析仪法不适用于含有机质的肥料。

> **2 规范性引用文件**
>
> 下列文件中的条款通过本标准的引用而成为本标准的条款。凡是注日期的引用文件，其随后所有的修改单(不包括勘误的内容)或修订版均不适用于本标准，然而，鼓励根据本标准达成协议的各方研究是否可使用这些文件的最新版本。凡是不注日期的引用文件，其最新版本适用于本标准。
>
> HG/T 2843 化肥产品 化学分析常用标准滴定溶液、标准溶液、试剂溶液和指示剂溶液
>
> **3 试验方法**
>
> 本标准中所用试剂、溶液和水，在未注明规格和配制方法时，均应符合 HG/T 2843 的规定。
>
> **3.1 氮含量的测定 定氮仪法**
>
> **3.1.1 原理**
>
> 在酸性介质中还原硝酸盐成铵盐；在混合催化剂存在下，用浓硫酸消化，将酰胺态氮转化为铵盐。从碱性溶液中蒸馏氨，将氨用硼酸吸收液吸收，用硫酸标准滴定溶液滴定。
>
> 自动定氮仪可将蒸馏、滴定、结果显示或计算等功能合为一体，自动快速完成。

样品先用铬粉加盐酸将硝酸根还原成铵盐(若样品中无硝态氮可省略这一步骤),然后用浓硫酸和混合催化剂将酰胺态氮、氰胺态氮和有机质氮转化为铵盐。消化完成后,将消化液转入自动定氮仪上,加入过量的氢氧化钠,将铵盐转变成 NH_3,通过蒸馏把 NH_3 驱入过量的硼酸溶液接受瓶内,硼酸接受氨后,形成四硼酸铵,然后用硫酸标准滴定溶液滴定,直到硼酸溶液恢复原来的氢离子浓度。根据滴定消耗的硫酸标准滴定溶液可换算出总氮含量。在滴定过程中,滴定终点采用甲基红-亚甲基蓝混合指示剂颜色变化来判定。

3.1.2 试剂和材料

3.1.2.1 硫酸;

3.1.2.2 盐酸;

3.1.2.3 铬粉:细度小于 250 μm;

3.1.2.4 混合催化剂:将 1 000 g 硫酸钾和 50 g 五水硫酸铜充分混合,并仔细研磨;

3.1.2.5 氢氧化钠溶液:350 g/L;

3.1.2.6 甲基红指示液:1 g/L;

3.1.2.7 溴甲酚绿指示液:溶解 100 mg 溴甲酚绿于 100 mL 乙醇中;

3.1.2.8 硼酸吸收液:将 100 g 硼酸溶于 4 500 mL 水中,加入 70 mL 溴甲酚绿指示液和 50 mL 甲基红指示液,稀释至 5 L,混匀;

3.1.2.9 硫酸标准滴定溶液:$c(\frac{1}{2}H_2SO_4)=0.5$ mol/L。

混合催化剂中,硫酸钾的作用是增加溶液的沸点,硫酸铜为催化剂,硫酸铜在蒸馏时做碱性反应的指示剂。

以硼酸为氨的吸收液,可省去标定碱液的操作,配制硼酸吸收液时体积要求不严格。

硫酸标准滴定溶液浓度为 $c(\frac{1}{2}H_2SO_4)=0.5$ mol/L,需要标定准确浓度。

3.1.3 仪器

3.1.3.1 通常实验室用仪器;

3.1.3.2 自动消化炉,温度可控制在 340 ℃±5 ℃范围内;

3.1.3.3 消化管,容积约 350 mL;

3.1.3.4 自动定氮仪,具有凯氏蒸馏、自动滴定功能,最小滴定单位为 0.01 mL。

自动消化炉需有控温设置,温度需能控制在 340 ℃±5 ℃范围内,同时至少带有 4 孔。

消化管的材质应为硬质玻璃材质,其外径大小需与自动消化炉的孔径相匹配，容积约为 350 mL。同时消化管的规格也应与自动定氮仪相匹配。

自动定氮仪采用进口或国产仪器均可，但要具有凯氏蒸馏和自动滴定功能，同时最小滴定单位要控制在 0.01 mL，否则会引起较大的试验误差。

3.1.4　试样溶液的制备

做两份试料的平行测定。

按相应的产品标准规定制备实验室样品。

样品应是均匀的。固体样品应预先研细混匀，液体样品应振摇或搅拌均匀。

3.1.4.1　仅含铵态氮样品的处理

称取含氮量约 100 mg 的试样（称准至 0.000 2 g）置于消化管中，用少量水溶解样品。

仅含铵态氮的样品无需消化，将称好的试样置于消化管内并用少量的水溶解样品后可以直接上自动定氮仪蒸馏滴定。

3.1.4.2　含硝态氮和铵态氮样品的处理

称取总氮含量约 100 mg、硝态氮含量小于 25 mg 的试样（称准至 0.000 2 g）于消化管中，加入 0.5 g 铬粉，用少量水冲洗管壁，将消化管置于通风橱中，加 5 mL 盐酸于消化管中，在室温下至少静置 5 min，但不超过 10 min。置消化管于已预先升温到 300 ℃的消化炉中，插上梨形玻璃漏斗，加热至沸腾后1 min～2 min，注意不能蒸干，冷却，冲洗漏斗及消化管壁。

试样和铬粉放入消化管内时，尽量不要沾附消化管壁上，为避免此种情况发生，可事先将消化管烘干。万一沾附可用少量水冲下，以免被检样消化不完全，结果偏低。用铬粉和盐酸还原硝酸态氮为铵态氮。加入盐酸后会有刺鼻的酸雾产生，需将消化管置于通风橱内，同时要在室温下至少静置 5 min，但不要超过 10 min。然后将消化管置于已经预先升温到 300 ℃的消化炉中，插上梨形玻璃漏斗以防止酸液溅出，还可起到回流的作用。加热过程需有人照看，需随时查看消化管底部现象，沸腾后再加热 1 min～2 min，但注意一定不能蒸干。沸腾并不等于泛起泡沫，泛起泡沫是由于大量氢气发生而引起的，此时溶液显著变深绿色。这种现象有时与沸腾同时产生，有时在沸腾后一段时间才出现，一定要出现这种现象才能有效地把硝态氮还原。消化管冷却到室温后再加水时仔细冲洗梨形漏斗和管壁，将消化液都冲洗到消化管底部。加水时要小心，先加入少量水，再缓慢增加需加入的水量。

3.1.4.3　含酰胺态氮和铵态氮样品的处理

称取含氮量约 100 mg 的试样(称准至 0.000 2 g)于消化管中,用少量水冲洗管壁,将消化管置于通风橱中,加入 10 mL 硫酸和 0.5 g 混合催化剂,插上梨形玻璃漏斗,在温度 340 ℃的消化炉中加热 1 h,注意不能蒸干,冷却,冲洗漏斗及消化管壁。

因为存在有机物,需要加入由硫酸钾和硫酸铜混合制成的催化剂,并适当多加一些硫酸。本标准中所规定的加入 10 mL 硫酸已经过量。**注意:在消化过程中需保证消化液不能蒸干。消化完成后等消化管冷却后才能用水冲洗梨形漏斗及消化管壁,否则将水加入到硫酸中会引起剧烈反应。**

3.1.4.4　含硝态氮和酰胺态氮样品的处理

称取总氮含量约 100 mg、硝态氮含量小于 25 mg 的试样(称准至 0.000 2 g)于消化管中,加入 0.5 g 铬粉,用少量水冲洗管壁,将消化管置于通风橱中,加 5 mL 盐酸于消化管中,在室温下至少静置 5 min,但不超过 10 min。置消化管于已预先升温到 300 ℃的消化炉中,插上梨形玻璃漏斗,加热至沸腾后1 min~2 min,注意不能蒸干,冷却。小心地加入 10 mL 硫酸和 0.5 g 混合催化剂,重新置于消化炉中,将温度升高到 340 ℃,加热至溶液颜色变为紫红色,注意不能蒸干,冷却,冲洗漏斗及消化管壁。

注意事项同 3.1.4.2 和 3.1.4.3,待消化液颜色变为紫红色时消化才能完全,但要注意保证整个消化过程中消化液不能蒸干。

3.1.4.5　不含硝态氮的有机-无机复混肥料样品的处理

称取含氮量约 100 mg 的试样(称准至 0.000 2 g)于预先干燥的消化管中,将消化管置于通风橱中,加入 10 mL 硫酸和 0.5 g 混合催化剂,插上梨形玻璃漏斗,静止 10 min。将消化管置于消化炉上徐徐加热(若反应激烈产生泡沫较多时,自消化炉上移开放冷片刻),等激烈反应结束后,将消化炉升温至 340 ℃继续消化,直至溶液呈无色或浅色清液。注意不能蒸干,冷却,冲洗漏斗及消化管壁。

将称好的试样中加入硫酸和混合催化剂后有时会有泡沫产生,要静止 10 min 后再缓慢加热。若在加热过程中产生较多的泡沫,可将消化管从消化炉上拿下,等泡沫消失后再放置于消化炉中。等激烈反应结束后,将消化炉升温至 340 ℃继续消化,直至溶液呈无色或浅色清液。**注意:整个消化过程中保证消化液不能蒸干。**

3.1.5 蒸馏和滴定

参照仪器使用说明书，设定溶液由蓝色转变为紫红色为滴定终点。

按 3.1.4.1 和 3.1.4.2 制备试样溶液时，设定加氢氧化钠溶液的量为 30 mL；按 3.1.4.3 和 3.1.4.5 制备试样溶液时，设定加氢氧化钠溶液的量为 60 mL；按 3.1.4.4 制备试样溶液时，设定加氢氧化钠溶液的量为 90 mL。

在吸收瓶内加硼酸吸收液 40 mL，将消化管置于自动定氮仪上进行蒸馏、滴定。

首先按照仪器使用说明书，设定溶液由蓝色转变为紫红色为滴定终点。试样制备时由于加酸的体积不同，因此蒸馏加氢氧化钠溶液的量也不同。向消化管中加入氢氧化钠时，往往出现褐色沉淀物，这是由于分解促进碱与加入的硫酸铜反应生成氢氧化铜，经加热后又分解生成氧化铜的沉淀物。有时铜离子与氨作用，生成深蓝色的结合物。检验氨是否完全蒸馏出来，可用 pH 试纸置于滴定杯上方检验是否为碱性。

3.1.6 空白试验

除不加试样外，按同样操作步骤，使用同样的试剂，进行平行操作。

空白实验也应做平行数据，差值在 0.2 mL 以内，取平均值。

3.1.7 分析结果的表述

3.1.7.1 分析结果的计算

总氮含量以氮(N)的质量分数 w_1 计，数值以%表示，按式(1)计算：

$$w_1 = \frac{(V_1 - V_0)c_1 \times 0.014\ 01}{m_1} \times 100 \quad \cdots\cdots\cdots\cdots(1)$$

式中：

V_1——测定时消耗硫酸标准滴定溶液体积的数值，单位为毫升(mL)；

V_0——空白试验时消耗硫酸标准滴定溶液体积的数值，单位为毫升(mL)；

c_1——硫酸标准滴定溶液浓度的准确数值，单位为摩尔每升(mol/L)；

0.014 01——氮的毫摩尔质量的数值，单位为克每毫摩尔(g/mmol)；

m_1——试料质量的数值，单位为克(g)。

计算结果表示到小数点后两位，取平行测定结果的算术平均值作为测定结果。

计算结果保留至小数点后 2 位，V_1、V_2 应是经过体积校正和温度校正后的数值。

3.1.7.2 **允许差**

平行测定结果的允许差应符合表1要求。

表 1

氮的质量分数(以N计)/%	平行测定允许差值/%
<10.0	0.20
10.0～20.0	0.30
>20.0	0.40

根据不同氮的质量分数,规定不同的允许差。

3.2 氮含量的测定 流动分析仪法

流动注射分析(Flow Injection Analysis, FIA)是1974年丹麦化学家鲁奇卡(Ruzicka J)和汉森(Hansen E. H.)提出的一种新型的连续流动分析技术。这种技术是基于在管道中把连续流动的试样溶液用空气按一定的间隔规则地隔开,然后按顺序和比例混入试剂溶液,在通过混合圈的过程中完成反应,最后经除去气泡后进入检测器进行测定分析及记录。流动注射分析实际上是一种管道化的连续流动分析法。它主要包括试样溶液注入载流、试样溶液与载流的混合和反应、试样溶液随载流恒速地流进检测器被检测三个过程。具有操作简便、易于自动连续分析,分析速度快、精密度高,试剂、试样用量少、适用性广的特点。

3.2.1 铵态氮及酰胺态氮含量的测定

3.2.1.1 **原理**

采用空气片段连续流动分析技术,将试样溶液和试剂在一个连续流动的系统中均匀混合,在硝普盐的催化作用下,试样溶液中的铵离子与水杨酸盐和二氯异氰酸盐反应生成蓝色络合物,在波长660 nm处测定其吸光度。如试样中含有酰胺态氮,则先将酰胺态氮水解成铵态氮。

试样与水杨酸钠和二氯异氰酸盐反应生成蓝色化合物在660 nm波长下检测。加入的硝普盐(即硝普钠)是作为催化剂。

3.2.1.2 **试剂和材料**

3.2.1.2.1 硫酸;

3.2.1.2.2 聚氧乙烯月桂醚溶液:30%水溶液;

3.2.1.2.3 缓冲溶液:称取40 g柠檬酸三钠($C_6H_5Na_3O_7 \cdot 2H_2O$),溶解于水中,并稀释至1 000 mL,加入1 mL聚氧乙烯月桂醚溶液,混匀;

3.2.1.2.4 水杨酸钠溶液：称取 40 g 水杨酸钠，溶解于水中，再加入 1 g 硝普钠 {$Na_2[Fe(CN)_5NO] \cdot 2H_2O$}，溶解后稀释至 1 000 mL，一周内可保持稳定；

3.2.1.2.5 二氯异氰酸溶液：称取 20 g 氢氧化钠和 3 g 二氯异氰酸钠 ($C_3Cl_2N_3NaO_3 \cdot 2H_2O$)，溶解于水中，稀释至 1 000 mL；

3.2.1.2.6 铵态氮(NH_4^+-N)标准溶液：10 g/L，称取 4.717 0 g 于 105 ℃干燥 2 h 的硫酸铵于 50 mL 烧杯中，用水溶解后移入 100 mL 容量瓶中，用水稀释至刻度，混匀。

聚氧乙烯月桂醚溶液是一种表面活性剂，起润湿管道的作用。

硝普钠为鲜红色透明粉末状结晶，易溶于水，液体呈褐色性质不稳定，放置后或遇光时易分解，需避光保存。

水杨酸钠溶液最好现配现用，可保存一周。

配制铵态氮标准溶液时需准确称取干燥后的硫酸铵。

3.2.1.3 仪器

3.2.1.3.1 通常实验室用仪器；

3.2.1.3.2 自动消化炉，温度可控制在 340 ℃±5 ℃范围内；

3.2.1.3.3 电热板，功率为 1.8 kW～2.4 kW；

3.2.1.3.4 消化管，容积约 350 mL；

3.2.1.3.5 流动分析仪，带铵态氮通道和自动进样装置，铵态氮的检测下限 0.2 mg/L。

自动消化炉需有控温设置，温度需能控制在 340 ℃±5 ℃范围内，同时至少带有 4 孔。

消化管的材质应为硬质玻璃材质，其外径大小需与自动消化炉的孔径相匹配，容积约为 350 mL。

流动分析仪采用进口或国产仪器均可，但需带有铵态氮通道和自动进样装置，铵态氮的检测下限为 0.2 mg/L。

3.2.1.4 试样溶液的制备

做两份试料的平行测定。

按相应的产品标准规定制备实验室样品。

样品应是均匀的。固体样品应预先研细混匀，液体样品应振摇或搅拌均匀。

3.2.1.4.1 仅含铵态氮样品的处理：称取含氮量约 100 mg 的试样(称准至 0.000 2 g)，置于 250 mL 锥形瓶中，加约 100 mL 水和 5 mL 硫酸，加热煮沸 15 min，冷却，定量转移到 250 mL 量瓶中，用水稀释至刻度，混匀，干过滤，弃去最初部分滤液。

试样加水和硫酸煮沸后需冷却至室温后再转移到容量瓶中，转移过程中不能有损失。滤液作为待测液备用。

3.2.1.4.2 含酰胺态氮和铵态氮样品的处理：称取含氮量约100 mg的试样（称准至0.000 2 g）于消化管中，用少量水冲洗管壁，将消化管置于通风橱中，加入5 mL硫酸，将消化管置于消化炉上，在温度340 ℃下加热1 h，冷却，定量转移到250 mL量瓶中，用水稀释至刻度，混匀，干过滤，弃去最初部分滤液。

注意事项同本节中3.1.4.3。

3.2.1.4.3 空白溶液的制备：除不加试样外，其他步骤同试样溶液的制备。

空白溶液只做一个即可，需多配制一些，用于标准工作曲线的稀释。

3.2.1.5 分析步骤

3.2.1.5.1 工作曲线的绘制

吸取铵态氮（NH_4^+-N）标准溶液0、0.5 mL、1.0 mL、2.0 mL、4.0 mL分别置于5个100 mL容量瓶中，用相应的空白溶液稀释至刻度，混匀。此标准溶液的浓度分别为0、50 mg/L、100 mg/L、200 mg/L、400 mg/L。

进行测定前，参照仪器使用说明书，选择最佳工作参数。

然后，将流动分析仪的溶液吸管分别置于缓冲溶液、水杨酸钠溶液、二氯异氰酸溶液中，于波长660 nm处，待基线稳定后测定各标准溶液的吸光度。

以各标准溶液的铵态氮（NH_4^+-N）浓度为横坐标，相应的吸光度为纵坐标，绘制工作曲线或回归线性方程。

3.2.1.5.2 测定

在与测定标准溶液相同的条件下，测定试样溶液的吸光度，从工作曲线或线性方程求出相应的铵态氮浓度。

配制工作曲线时需用空白溶液进行稀释。上机测定前，需按仪器使用说明书选择最佳工作参数，待基线稳定后分别测定各标准溶液和试样溶液的吸光度。

3.2.1.6 分析结果的表述

3.2.1.6.1 分析结果的计算

铵态氮及酰胺态氮含量以氮（N）的质量分数 w_2 计，数值以%表示，按式（2）计算：

$$w_2 = \frac{c_2 \times V_2}{m_2 \times 10^6} \times 100 \quad \cdots\cdots (2)$$

式中：

c_2——试样溶液中铵态氮浓度的数值，单位为毫克每升（mg/L）；

V_2——试样溶液总体积的数值，单位为毫升（mL）；

m_2——试料质量的数值，单位为克（g）。

计算结果表示到小数点后两位，取平行测定结果的算术平均值作为测定结果。

c_2 是通过铵态氮标准溶液的工作曲线或线性方程求出相应的铵态氮浓度数值，计算结果保留至小数点后两位。

3.2.1.6.2 **允许差**

平行测定结果的允许差应符合表 2 要求。

表 2

铵态氮及酰胺态氮的质量分数(以 N 计)/%	平行测定允许差值/%
<10.0	0.30
10.0～20.0	0.40
>20.0	0.50

根据不同铵态氮及酰胺态氮的质量分数，规定不同的允许差。

3.2.2 **硝态氮含量的测定**

3.2.2.1 **原理**

采用空气片段连续流动分析技术，将试样溶液和试剂在一个连续流动的系统中均匀混合。在硫酸铜作催化剂的碱性溶液中，用联氨将硝酸盐还原成亚硝酸盐，亚硝酸盐与磺胺和 NEDD 反应生成粉红色络合物，在波长 550 nm 处测定其吸光度。

试样溶液中 NO_3^- 在硫酸铜作催化剂的碱性溶液中被联胺还原成 NO_2^-，NO_2^- 在酸性条件下与磺胺发生重氮化反应生成重氮离子，重氮离子随后与萘乙二胺盐酸盐偶联，形成粉红色产物，其最大吸收峰为 550 nm。

3.2.2.2 **试剂和材料**

3.2.2.2.1 硫酸铜溶液：1 g/L，称取 0.1 g 硫酸铜($CuSO_4 \cdot 5H_2O$)，溶解于水中，稀释至 100 mL；

3.2.2.2.2 硫酸锌溶液：10 g/L，称取 1 g 硫酸锌($ZnSO_4 \cdot 7H_2O$)，溶解于水中，稀释至 100 mL；

3.2.2.2.3 聚氧乙烯月桂醚溶液：30%水溶液；

3.2.2.2.4 氢氧化钠溶液：称取 10 g 氢氧化钠，溶解于水中，小心地加入 3 mL 正磷酸，用水稀释至1 000 mL，再加入 1 mL 聚氧乙烯月桂醚溶液，混匀；

3.2.2.2.5 硫酸联氨溶液：在 300 mL 水中加入 5 mL 硫酸铜溶液、5 mL 硫酸锌溶液和 1 g 硫酸联氨，溶解后用水稀释至 500 mL，混匀。一周内可保持稳定；

3.2.2.2.6 显色剂：称取 10 g 磺胺，溶解于 300 mL 水中，再加入 0.5 g N-(1-萘基)乙二胺盐酸盐(NEDD)($C_{12}H_{14}N_2 \cdot 2HCl \cdot CH_3OH$)，搅拌溶解，再加入 100 mL 正磷酸，用水稀释至 1 000 mL，混匀，储存于棕色试剂瓶中。一周内可保持稳定；

3.2.2.2.7 硝态氮(NO_3^--N)标准溶液:2.5 g/L,称取 9.022 5 g 于 120 ℃干燥至恒重的硝酸钾于50 mL 烧杯中,用水溶解后移入 500 mL 容量瓶中,用水稀释至刻度,混匀。

硫酸锌溶液的作用是抑制氧化物和铜的反应。

在显色剂中加入磷酸是为了降低 pH 值,防止产生氢氧化钙和氢氧化镁。显色剂需避光保存,可保存一周。

配制硝态氮标准溶液时需准确称取干燥恒量后的硝酸钾。

3.2.2.3 **仪器**

3.2.2.3.1 通常实验室用仪器;

3.2.2.3.2 流动分析仪,带硝态氮通道和自动进样装置,硝态氮的检测下限 0.08 mg/L。

流动分析仪采用进口或国产仪器均可,但需带有硝态氮通道和自动进样装置,硝态氮的检测下限为 0.08 mg/L。

3.2.2.4 **试样溶液的制备**

做两份试料的平行测定。

按相应的产品标准规定制备实验室样品。

称取硝态氮含量约 50 mg 的试样(称准至 0.000 2 g),置于 250 mL 锥形瓶中,加约 100 mL 水,加热煮沸 15 min,冷却,定量转移到 250 mL 量瓶中,用水稀释至刻度,混匀,干过滤,弃去最初部分滤液。

空白溶液的制备:除不加试样外,其他步骤同试样溶液的制备。

样品应是均匀的。固体样品应预先研细混匀,液体样品应振摇或搅拌均匀。

试样加水煮沸后需冷却至室温后再转移到容量瓶中,转移过程中不能有损失。滤液作为待测液备用。

空白溶液只做一个即可,需多配制一些,用于标准工作曲线的稀释。

3.2.2.5 **分析步骤**

3.2.2.5.1 **工作曲线的绘制**

吸取硝态氮(NO_3^--N)标准溶液 0、1.0 mL、2.0 mL、4.0 mL、8.0 mL 分别置于 5 个 100 mL 容量瓶中,用空白溶液稀释至刻度,混匀。此标准溶液的浓度分别为 0、25 mg/L、50 mg/L、100 mg/L、200 mg/L。

进行测定前,参照仪器使用说明书,选择最佳工作参数。

然后,将流动分析仪的溶液吸管分别置于氢氧化钠溶液、硫酸联氨溶液和显色剂中,于波长 550 nm 处,待基线稳定后测定各标准溶液的吸光度。

以各标准溶液的硝态氮(NO_3^--N)浓度为横坐标,相应的吸光度为纵坐标,绘制工作曲线或回归线性方程。

3.2.2.5.2　**测定**

在与测定标准溶液相同的条件下,测定试样溶液的吸光度,从工作曲线或线性方程求出相应的硝态氮浓度。

配制工作曲线时需用空白溶液进行稀释。上机测定前,需按仪器使用说明书选择最佳工作参数,待基线稳定后分别测定各标准溶液和试样溶液的吸光度。

3.2.2.6　**分析结果的表述**

3.2.2.6.1　**分析结果的计算**

硝态氮含量以氮(N)的质量分数 w_3 计,数值以%表示,按式(3)计算:

$$w_3 = \frac{c_3 \times V_3}{m_3 \times 10^6} \times 100 \qquad \cdots\cdots\cdots\cdots\cdots\cdots\cdots\cdots\cdots (3)$$

式中:

c_3——试样溶液中硝态氮浓度的数值,单位为毫克每升(mg/L);

V_3——试样溶液总体积的数值,单位为毫升(mL);

m_3——试料质量的数值,单位为克(g)。

计算结果表示到小数点后两位,取平行测定结果的算术平均值作为测定结果。

c_3 是通过硝态氮标准溶液的工作曲线或线性方程求出相应的硝态氮浓度数值,计算结果保留至小数点后两位。

3.2.2.6.2　**允许差**

平行测定结果的允许差应符合表 3 要求。

表 3

硝态氮的质量分数(以 N 计)/%	平行测定允许差值/%
<10.0	0.30
>10.0	0.40

根据不同硝态氮的质量分数,规定不同的允许差。

3.3　**磷含量的测定　流动分析仪法**

3.3.1　**原理**

用水提取肥料中的水溶性磷、用乙二胺四乙酸二钠(EDTA)溶液提取肥料中的有效磷。采用空气片段连续流动分析技术,将试样溶液和试剂在一个连续流动的系统中均匀混合,在加热条件下,用高氯酸使试样溶液正磷酸盐化,正磷酸根与钒钼酸铵试剂反应生成黄色络合物,在波长 420 nm 处测定其吸光度。

肥料中水溶性磷和有效磷的提取同复混肥料中水溶性磷和有效磷的提取方法，即分别用水提取肥料中的水溶性磷、用EDTA提取肥料中的有效磷。提取出的磷酸根离子在酸性条件下与钒酸铵及钼酸铵作用，生成可溶性的磷、钒、钼黄色络合物，在一定范围内，溶液颜色深浅与含磷量成正比，在波长420 nm处可进行含磷量的比色测定。

3.3.2 试剂和材料

3.3.2.1 硝酸溶液：1+1；

3.3.2.2 乙二胺四乙酸二钠(EDTA)溶液：37.5 g/L，称取37.5 g EDTA于1 000 mL烧杯中，加入少量水溶解，用水稀释至1 000 mL，混匀；

3.3.2.3 十二烷基硫酸钠溶液：称取2 g十二烷基硫酸钠，溶于水中，稀释至1 000 mL，一周内可保持稳定；

3.3.2.4 高氯酸溶液：量取330 mL高氯酸，倒入500 mL水中，混匀后稀释至1 000 mL；

3.3.2.5 钒钼酸铵试剂：

溶液a：称取8.2 g钼酸铵，溶于300 mL水中；

溶液b：称取0.3 g钒酸铵，溶于200 mL水中，加入29 mL高氯酸；

在搅拌下将溶液a慢慢地倒入溶液b中，再加入2 g十二烷基硫酸钠，溶解后稀释至1 000 mL，混匀；

3.3.2.6 五氧化二磷标准溶液：5 g/L，称取4.790 0 g于105 ℃干燥2 h的磷酸二氢钾于50 mL烧杯中，用水溶解后移入500 mL容量瓶中，用水稀释至刻度，混匀。

乙二胺四乙酸二钠(EDTA)溶液的浓度同GB/T 8573—2010《复混肥料中有效磷含量的测定》中EDTA的浓度，此浓度是根据大量实验证明得出的。

十二烷基硫酸钠是一种表面活性剂，此处不能用聚氧乙烯月桂醚，因为聚氧乙烯月桂醚会与钼酸盐反应，会产生沉淀引起漂移，而十二烷基硫酸钠会抑制反应。

钒钼酸铵试剂混合使用时，则应在不断搅拌下，将配制的钼酸铵溶液慢慢倒入钒酸铵溶液中，再加入十二烷基硫酸钠。若有浑浊应过滤后使用。

五氧化二磷标准溶液的配制应准确称取干燥恒量后的磷酸二氢钾。

3.3.3 仪器

3.3.3.1 通常实验室用仪器；

3.3.3.2 恒温水浴振荡器，能控制温度60 ℃±2 ℃的往复式振荡器或回旋式振荡器；

3.3.3.3 流动分析仪，带磷通道和自动进样装置，五氧化二磷的检测下限0.3 mg/L。

这里用到的常用实验室仪器包括：

分析天平、瓷蒸发皿、250 mL 量瓶、研磨棒、玻璃漏斗、小烧杯、洗瓶、400 mL 高型烧杯或牛奶烧杯、电炉、量筒或量杯(10 mL 和 250 mL)、单标线吸管(25 mL)等。

流动分析仪采用进口或国产仪器均可，但需带有磷通道和自动进样装置，五氧化二磷的检测下限 0.3 mg/L。

3.3.4 试样溶液的制备

做两份试料的平行测定。

按相应的产品标准规定制备实验室样品。

样品应是均匀的。固体样品应预先研细混匀，液体样品应振摇或搅拌均匀。

3.3.4.1 水溶性磷的提取：称取五氧化二磷含量约 100 mg 的试样(称准至 0.000 2 g)，置于 75 mL 的瓷蒸发器中，加 25 mL 水研磨，将清液倾注过滤于预先加入 5 mL 硝酸溶液的 250 mL 量瓶中。继续用水研磨三次，每次用 25 mL 水，然后将水不溶物转移到滤纸上，并用水洗涤水不溶物，待量瓶中溶液达 200 mL 左右为止。最后用水稀释至刻度，混匀。

3.3.4.2 有效磷的提取：称取五氧化二磷含量约 100 mg 的试样(称准至 0.000 2 g)，置于滤纸上，用滤纸包裹试样，塞入 250 mL 量瓶中，加入 150 mL EDTA 溶液，塞紧瓶塞，摇动量瓶使滤纸破碎、试样分散于溶液中，置于 60 ℃±2 ℃的恒温水浴振荡器中，保温振荡 1 h(振荡频率以量瓶内试样能自由翻动即可)。然后取出量瓶，冷却至室温，用水稀释至刻度，混匀。干过滤，弃去最初部分滤液。

3.3.4.3 空白溶液的制备：除不加试样外，其他步骤同试样溶液的制备。

试样溶液的制备方法同 GB/T 8573—2010《复混肥料中有效磷含量的测定》，注意事项此处不做赘述。

空白溶液只做一个即可，需多配制一些，用于标准工作曲线的稀释。

3.3.5 分析步骤

3.3.5.1 工作曲线的绘制

吸取五氧化二磷标准溶液 0、2.0 mL、4.0 mL、6.0 mL、8.0 mL 分别置于 5 个 100 mL 容量瓶中，用相应的空白溶液稀释至刻度，混匀。此标准溶液的浓度分别为 0、100 mg/L、200 mg/L、300 mg/L、400 mg/L。

进行测定前，参照仪器使用说明书，选择最佳工作参数。

然后，将流动分析仪的溶液吸管分别置于十二烷基硫酸钠溶液、高氯酸溶液和钒钼酸铵试剂中，于波长 420 nm 处，待基线稳定后测定各标准溶液的吸光度。

以各标准溶液的五氧化二磷浓度为横坐标，相应的吸光度为纵坐标，绘制工作曲线或回归线性方程。

3.3.5.2 测定

在与测定标准溶液相同的条件下，测定试样溶液的吸光度，从工作曲线或线性方程求出相应的五氧化二磷浓度。

配制工作曲线时需用空白溶液进行稀释。上机测定前，需按仪器使用说明书选择最佳工作参数，待基线稳定后分别测定各标准溶液和试样溶液的吸光度。

3.3.6 分析结果的表述

3.3.6.1 分析结果的计算

磷含量以五氧化二磷（P_2O_5）的质量分数 w_4 计，数值以%表示，按式(4)计算：

$$w_4 = \frac{c_4 \times V_4}{m_4 \times 10^6} \times 100 \qquad \cdots\cdots(4)$$

式中：

c_4——试样溶液中五氧化二磷浓度的数值，单位为毫克每升(mg/L)；

V_4——试样溶液总体积的数值，单位为毫升(mL)；

m_4——试料质量的数值，单位为克(g)。

计算结果表示到小数点后两位，取平行测定结果的算术平均值作为测定结果。

c_4 是通过五氧化二磷标准溶液的工作曲线或线性方程求出相应的五氧化二磷浓度数值，计算结果保留至小数点后两位。

3.3.6.2 允许差

平行测定结果的允许差应符合表4要求。

表4

五氧化二磷的质量分数(以 P_2O_5 计)/%	平行测定允许差值/%
<10.0	0.30
10.0～20.0	0.40
>20.0	0.50

根据五氧化二磷不同的质量分数值，规定不同的允许差。

3.4 钾含量的测定 流动分析仪法

3.4.1 原理

用水提取样品中的水溶性钾。采用空气片段连续流动分析技术，将试样溶液和氧化镧试剂在一个连续流动的系统中均匀混合，用火焰光度法测定试样溶液中的钾离子。

待测液中钾的测定，有重量法、容量法、比色法和火焰光度法等，其中火焰光度法具有快速、简便、灵敏和准确的特点。肥料中的水溶性钾用水提取后，待测液在火焰高温激发下，辐射出钾元素的特征光谱，通过钾滤光片，经光电池或光电倍增管，把光能转换为电能，放大后用电流表（检流计）指示其强度；从钾标准溶液浓度和检流计读数做的工作曲线，即可查出待测液的钾浓度，从而计算样品的水溶性钾含量。

3.4.2 试剂和材料

3.4.2.1 硝酸；

3.4.2.2 乳化剂溶液：50%，将 50 mL 曲拉通 X-100 与 50 mL 异丙醇混合均匀；

3.4.2.3 氧化镧试剂：称取 0.8 g 氧化镧溶解于 13.5 mL 硝酸中，小心加入 500 mL 水，搅拌，再加入 0.6 g 氯化锂，溶解后稀释至 1 000 mL，再加入 1 mL 乳化剂溶液，混匀；

3.4.2.4 氧化钾标准溶液：2.5 g/L，称取 7.221 5 g 于 105 ℃干燥 2 h 的磷酸二氢钾于 50 mL 烧杯中，用水溶解后移入 1 000 mL 容量瓶中，用水稀释至刻度，混匀。

曲拉通是一种表面活性剂，起润滑管道的作用。

氧化镧试剂可消除磷酸盐的干扰。

配制氧化钾标准溶液时需准确称取干燥至恒量的磷酸二氢钾。

3.4.3 仪器

3.4.3.1 通常实验室用仪器；

3.4.3.2 电热板，功率为 1.8 kW～2.4 kW；

3.4.3.3 流动分析仪，带钾通道和自动进样装置，钾的检测下限 0.36 mg/L；

3.4.3.4 火焰光度计。

通常实验室仪器主要包括分析天平、电热板、量瓶、锥形瓶和烧杯等。

流动分析仪采用进口或国产仪器均可，但需带有钾通道和自动进样装置，钾的检测下限 0.36 mg/L。

3.4.4 试样溶液的制备

做两份试料的平行测定。

按相应的产品标准规定制备实验室样品。

样品应是均匀的。固体样品应预先研细混匀，液体样品应振摇或搅拌均匀。

3.4.4.1 水溶性钾的提取：称取一定量的试样（称准至 0.000 2 g），置于 250 mL 锥形瓶中，加约100 mL 水，加热煮沸 15 min，冷却，定量转移到 250 mL 量瓶中，用水稀释至刻度，混匀，干过滤，弃去最初部分滤液。

3.4.4.2 空白溶液的制备：除不加试样外，其他步骤同试样溶液的制备。

试样加水煮沸后需冷却至室温后再转移到容量瓶中，转移过程中不能有损失。滤液作为待测液备用。

空白溶液只做一个即可，需多配制一些，用于标准工作曲线的稀释。

3.4.5 分析步骤

3.4.5.1 工作曲线的绘制

吸取氧化钾标准溶液 1.0 mL、2.0 mL、4.0 mL、6.0 mL、8.0 mL 分别置于 5 个 100 mL 容量瓶中，用空白溶液稀释至刻度，混匀。此标准溶液的浓度分别为 25 mg/L、50 mg/L、100 mg/L、150 mg/L、200 mg/L。

进行测定前，参照仪器使用说明书，选择最佳工作参数。

然后，将流动分析仪的溶液吸管置于氧化镧试剂中，打开火焰光度计，待基线稳定后测定各标准溶液的吸光度。

以各标准溶液的氧化钾浓度为横坐标，相应的吸光度为纵坐标，绘制工作曲线或回归线性方程。

3.4.5.2 测定

在与测定标准溶液相同的条件下，将试样溶液不经稀释或根据钾含量将其稀释一定倍数后测定其吸光度，从工作曲线或线性方程求出相应的氧化钾浓度。

配制工作曲线时需用空白溶液进行稀释。上机测定前，需按仪器使用说明书选择最佳工作参数，待基线稳定后分别测定各标准溶液和试样溶液的吸光度。火焰光度计的火焰大小将影响最终的读数值，故在测定标准溶液和样品的时候，火焰大小应保持不变。所吸取的试样溶液中钾的含量应在标准溶液的浓度范围内。

3.4.6 分析结果的表述

3.4.6.1 分析结果的计算

钾含量以氧化钾(K_2O)的质量分数 w_5 计，数值以%表示，按式(5)计算：

$$w_5 = \frac{c_5 \times V_5 \times D}{m_5 \times 10^6} \times 100 \qquad \cdots\cdots(5)$$

式中：

c_5——试样溶液中氧化钾浓度的数值，单位为毫克每升(mg/L)；

V_5——试样溶液总体积的数值，单位为毫升(mL)；

D——测定时试样溶液的稀释倍数；

m_5——试料质量的数值，单位为克(g)。

计算结果表示到小数点后两位，取平行测定结果的算术平均值作为测定结果。

c_5 是通过氧化钾标准溶液的工作曲线或线性方程求出相应的氧化钾浓度数值，计算结果保留至小数点后两位。

3.4.6.2 **允许差**

平行测定结果的允许差应符合表5要求。

表5

钾的质量分数(以 K_2O 计)/%	平行测定允许差值/%
<10.0	0.30
10.0~20.0	0.40
>20.0	0.50

根据氧化钾不同的质量分数值,规定不同的允许差。

第十节

GB/T 24890—2010《复混肥料中氯离子含量的测定》

条文释义

GB/T 24890—2010《复混肥料中氯离子含量的测定》是复混肥料试验方法系列标准之一,本标准代替 GB 15063—2001 中 5.7 氯离子含量测定。

1 范围

本标准规定了复混肥料(复合肥料)中氯离子含量的测定。

本标准适用于复混肥料(复合肥料)中氯离子含量的测定。

2 规范性引用文件

下列文件中的条款通过本标准的引用而成为本标准的条款。凡是注日期的引用文件,其随后所有的修改单(不包括勘误的内容)或修订版均不适用于本标准,然而,鼓励根据本标准达成协议的各方研究是否可使用这些文件的最新版本。凡是不注日期的引用文件,其最新版本适用于本标准。

GB/T 8571 复混肥料 实验室样品制备

HG/T 2843 化肥产品 化学分析常用标准滴定溶液、标准溶液、试剂溶液和指示剂溶液

3 原理

试料在微酸性溶液中，加入过量的硝酸银溶液，使氯离子转化成为氯化银沉淀，用邻苯二甲酸二丁酯包裹沉淀，以硫酸铁铵为指示剂，用硫氰酸铵标准溶液滴定剩余的硝酸银。

在微酸性试液中，加入过量的硝酸银（$AgNO_3$）溶液，Ag^+与试液中的Cl^-生成$AgCl\downarrow$，用邻苯二甲酸二丁酯包裹沉淀，以硫酸铁铵［$NH_4Fe(SO_4)_2$］为指示剂，用硫氰酸铵NH_4SCN标准滴定溶液滴定剩余的Ag^+。滴定过程中首先生成$AgSCN\downarrow$，滴定达到等当点附近，Ag^+浓度迅速降低，SCN^-浓度迅速增加，待过量的SCN^-与硫酸铁铵中的Fe^{3+}反应生成红色$Fe(SCN)_3$络合物，即到达指示终点。

反应式如下：$Ag^+ + Cl^- = AgCl\downarrow$（白色沉淀）

Ag^+（剩余）$+ SCN^- = AgSCN\downarrow$（白色沉淀）

$Fe^{3+} + SCN^- = Fe(SCN)_3$（红色络合物）

由于$Fe(SCN)_3$络合物比AgSCN沉淀更不稳定，因此理论上来讲，只有在AgSCN沉淀到达等当点后，稍过量的SCN^-存在，才能指示出终点。但事实上，指示终点的颜色最初会略早于等当点，这是由于AgCl沉淀与AgSCN沉淀要吸附Ag^+，使Ag^+浓度降低，SCN^-浓度增加，以致未到等当点，指示剂就显色。因此滴定过程中需剧烈摇动，使被吸附的Ag^+释放出来。我们发现在近终点时剧烈摇动会使一部分氯化银沉淀转化硫氰酸银沉淀，这是因为硫氰酸银的溶解度小于氯化银的溶解度，用硫氰酸铵溶液回滴剩余的硝酸银达到等当点后，稍微过量的硫氰酸离子取代氯化银沉淀中氯离子，使氯化银转化为硫氰酸银。

$$AgCl\downarrow + SCN^- \rightleftharpoons AgSCN\downarrow + Cl^-$$

如果剧烈摇动溶液，反应会不断向右进行，直至达到平衡。这样滴定到终点时，实际上多消耗一部分硫氰酸铵标准溶液，滴定终点与等当点相差较大。

用邻苯二甲酸二丁酯包裹沉淀（氯化银沉淀与硫氰酸银沉淀），可减少氯化银沉淀转化为硫氰酸银沉淀的程度。且在滴定过程中，开始可以剧烈摇动溶液，在近终点时摇动不要太剧烈。在实际操作中指示终点颜色为浅橙红色或浅砖红色。

4 试剂和材料

本方法中所用试剂、溶液和水，在未注明规格和配制方法时，均应符合 HG/T 2843 的规定。

4.1 邻苯二甲酸二丁酯；

4.2 硝酸溶液：1+1；

4.3 硝酸银溶液[$c(AgNO_3)=0.05$ mol/L]：称取 8.7 g 硝酸银，溶解于水中，稀释至 1 000 mL，储存于棕色瓶中；

4.4 氯离子标准溶液（1 mg/mL）：准确称取 1.648 7 g 经 270 ℃～300 ℃烘干至质量恒定的基准氯化钠于烧杯中，用水溶解后，移入 1 000 mL 量瓶中，稀释至刻度，混匀，储存于塑料瓶中。此溶液 1 mL 含 1 mg 氯离子(Cl^-)；

4.5 硫酸铁铵指示液（80 g/L）：溶解 8.0 g 硫酸铁铵于 75 mL 水中，过滤，加几滴硫酸，使棕色消失，稀释至 100 mL；

4.6 硫氰酸铵标准滴定溶液[$c(NH_4SCN)=0.05$ mol/L]：称取 3.8 g 硫氰酸铵溶解于水中，稀释至1 000 mL。

标定方法如下：准确吸取 25.0 mL 氯离子标准溶液于 250 mL 锥形瓶中，加入 5 mL 硝酸溶液和25.0 mL 硝酸银溶液，摇动至沉淀分层，加入 5 mL 邻苯二甲酸二丁酯，摇动片刻。加入水，使溶液总体积约为 100 mL，加入 2 mL 硫酸铁铵指示液，用硫氰酸铵标准滴定溶液滴定剩余的硝酸银，至出现浅橙红色或浅砖红色为止。同时进行空白试验。

硫氰酸铵标准滴定溶液的浓度 c(mol/L)按式(1)计算：

$$c=\frac{m_1}{0.035\ 45\times(V_0-V_1)} \qquad \cdots\cdots(1)$$

式中：

V_0——空白试验（25.0 mL 硝酸银溶液）所消耗硫氰酸铵标准滴定溶液的体积的数值，单位为毫升（mL）；

V_1——滴定剩余的硝酸银所消耗硫氰酸铵标准滴定溶液体积的数值，单位为毫升（mL）；

m_1——所取氯离子标准溶液中氯离子质量的数值，单位为克（g）；

0.035 45——氯离子的毫摩尔质量，单位为克每毫摩尔（g/mmol）。

计算结果保留到小数点后四位。

配制试剂时应注意以下 4 点：

1）硝酸银溶液应在棕色瓶中避光保存。

2）氯标准溶液配制

a）基准氯化钠烘干至恒量后，应置于有在 500 ℃焙烧过的 5A 分子筛的干燥器中。

b）准确称取 1.648 7 g 氯化钠，配制成 1 000 mL 溶液，此时 1 mL 溶液含 1 mg氯离子。

c）如在 1.6 g～1.7 g 范围内称 xg 氯化钠，配制成 1 000 mL 溶液，此时 1 mL 溶液含有氯离子的毫克数为 $x/1.6487$。

3）硫氰酸铵标准滴定溶液的有效期一般为三个月，标定时所用的 V_0、V_1 须经体积校正和温度校正。

4）硫氰酸铵标准滴定溶液的数据精确到小数点后四位。

5 分析步骤

做两份试料的平行测定。

按 GB/T 8571 规定制备实验室样品。

称取试样约 1 g～10 g（精确至 0.001 g）（称样量范围见表 1）于 250 mL 烧杯中，加 100 mL 水，缓慢加热至沸，继续微沸 10 min，冷却至室温，溶液转移到 250 mL 量瓶中，稀释至刻度，混匀。干过滤，弃去最初的部分滤液。

表 1 称样量范围

氯离子含量（w_1）/%	$w_1<5$	$5\leqslant w_1\leqslant 25$	$w_1>25$
称样量/g	10～5	5～1	1

准确吸取一定量的滤液（含氯离子约 25 mg）于 250 mL 锥形瓶中，加入 5 mL 硝酸溶液，加入 25.0 mL 硝酸银溶液，摇动至沉淀分层，加入 5 mL 邻苯二甲酸二丁酯，摇动片刻。

加入水，使溶液总体积约为 100 mL，加入 2 mL 硫酸铁铵指示液，用硫氰酸铵标准溶液滴定剩余的硝酸银，至出现浅橙红色或浅砖红色为止。同时进行空白试验。

做两份试料的平行测定。

试样的称取量由氯含量的多少来定，但不小于 1 g，不大于 10 g。

吸取滤液按氯离子的含量来选取不同的移液管，使移取液的氯离子质量不大于 25 mg，如氯离子质量较低，可选 25 mL 移液管即可（氯离子质量小于 25 mg，不影响测定结果）。

空白试验除不加试料外，所用试剂和试验步骤与测定时相同，并与测定同时进行，每次测定都进行空白试验。

6 分析结果的表述

6.1 分析结果的计算

氯离子的质量分数 w_1，数值以%表示，按式（2）计算：

$$w_1=\frac{(V_0-V_2)\times c\times 0.03545}{m_2\times D}\times 100 \quad\cdots\cdots(2)$$

式中：

V_0——空白试验（25.0 mL 硝酸银溶液）所消耗硫氰酸铵标准滴定溶液体积的数值，单位为毫升（mL）；

V_2——滴定试液时所消耗硫氰酸铵标准滴定溶液体积的数值，单位为毫升（mL）；

c——硫氰酸铵标准滴定溶液浓度的数值，单位为摩尔每升（mol/L）；

m_2——试料质量的数值，单位为克（g）；

D——测定时吸取试液体积与试液总体积的比值；

0.035 45——氯离子的毫摩尔质量数值，单位为克每毫摩尔（g/mmol）。

计算结果表示到小数点后两位。取平行测定结果的算术平均值作为测定结果。

所消耗硫氰酸铵标准滴定溶液的体积 V_0、V_2 必须要经过体积校正和温度校正。测定值保留到小数点后两位。

6.2 允许差

氯离子含量测定的允许差应符合表 2 的要求。

表 2 氯离子含量测定的允许差

氯离子含量（w_1）/%	$w_1<5$	$5\leqslant w_1\leqslant 25$	$w_1>25$
平行测定结果的绝对差值/% ≤	0.20	0.30	0.40
不同实验室测定结果的绝对差值/% ≤	0.30	0.40	0.60

这里的氯离子含量（w_1）为测定值，分为小于 5%，在 5% 与 25% 之间和大于 25% 三种情况，并规定不同的允许差。

附录 1

肥料标准目录

序号	标　准　名　称	标准编号
	一、基础标准	
1	肥料和土壤调理剂　术语	GB/T 6274—1997
2	固体化学肥料包装	GB 8569—2009
3	肥料采样报告格式	GB/T 13565—1992
4	肥料标识　内容和要求	GB 18382—2001
5	化肥产品　化学分析常用标准滴定溶液、标准溶液、试剂溶液和指示剂溶液	HG/T 2843—1997
6	绿色食品　肥料使用准则	NY/T 394—2000
7	肥料合理使用准则　通则	NY/T 496—2010
8	肥料合理使用准则　氮肥	NY/T 1105—2006
9	肥料合理使用准则　微生物肥料	NY/T 1535—2007
10	肥料合理使用准则　有机肥料	NY/T 1868—2010
11	肥料合理使用准则　钾肥	NY/T 1869—2010
12	肥料效应鉴定田间试验技术规程	NY/T 497—2002
	二、通用方法	
13	尿素、硝酸铵中游离水含量的测定　卡尔·费休法	GB/T 2947—2002
14	肥料中氨态氮含量的测定　蒸馏后滴定法	GB/T 3595—2000
15	肥料中硝态氮含量的测定　氮试剂重量法	GB/T 3597—2002(2008)
16	肥料中氨态氮含量的测定　甲醛法	GB/T 3600—2000(2008)
17	肥料堆密度的测定方法	GB/T 13566—1992
18	肥料堆密度的测定　第 1 部分:疏松堆密度	GB/T 13566.1—2008
19	肥料中粪大肠菌群的测定	GB/T 19524.1—2004
20	肥料中蛔虫卵死亡率的测定	GB/T 19524.2—2004
21	肥料和土壤调理剂　筛分试验	GB/T 20781—2006
22	肥料中氮、磷、钾的自动分析仪测定法	GB/T 22923—2008
23	肥料中砷、镉、铅、铬、汞生态指标	GB/T 23349—2009
24*	化肥中微量阴离子的测定　离子色谱法	GB/T 29400—2012
25	肥料中粪大肠菌群的测定	GB/T 19524.1—2004

续表

序号	标　准　名　称	标准编号
26	肥料中蛔虫卵死亡率的测定	GB/T 19524.2—2004
27	进口化肥检验规程	SN/T 2937—2011
28	进出口化肥检验方法　取样和制样	SN/T 0736.1—1997
29	进出口化肥检验方法　第2部分:水分的测定	SN/T 0736.2—2011
30	进出口化肥检验方法　第3部分:粒度的测定	SN/T 0736.3—2011
31	进出口化肥检验方法　火焰原子光谱法测定钠含量	SN/T 0736.4—1997
32	进出口化肥检验方法　第5部分:氮含量的测定	SN/T 0736.5—2010
33	进口化肥检验方法　第6部分:磷的测定	SN/T 0736.6—2010
34	进口化肥检验方法　钾的测定	SN/T 0736.7—2010
35	进出口化肥检验方法　缩二脲含量的测定	SN/T 0736.8—1999
36	进出口化肥检验方法　第9部分:氯含量的测定	SN/T 0736.9—2010
37	进出口化肥检验方法　游离酸的测定	SN/T 0736.10—2013
38	进出口化肥检验方法　自动分析仪测定氮含量	SN/T 0736.11—2002
39	进出口化肥检验方法　电感耦合质谱法测定砷、铬、镉、汞、铅	SN/T 0736.12—2009
40	进出口化肥检验方法　第13部分:火焰原子吸收光谱法测定铜、锌、铁、锰、镁、钴、镍的含量	SN/T 0736.13—2011
41	进出口化肥检验方法　第14部分:离子色谱法测定微量无机阴离子	SN/T 0736.14—2011
42*	进出口化肥检验方法　第15部分:微波谱解-原子荧光光谱法同时测定砷、汞含量	SN/T 0736.15—2013
43	液体肥料密度的测定	NY/T 887—2010
44	肥料中铬含量的测定	NY/T 888—2004
45	液体肥料包装技术要求	NY/T 1108—2006
46	肥料中硝态氮含量的测定　紫外分光光度法	NY/T 1116—2006
47	肥料汞、砷、镉、铅、铬含量的测定	NY/T 1978—2010
48	肥料登记标签技术要求	NY 1979—2010
49	肥料登记急性经口毒性试验及评价要求	NY 1980—2010
三、氮肥		
50	硫酸铵	GB 535—1995
51	液体无水氨	GB 536—1988
52	液体无水氨的试验方法　第1部分:实验室样品的采取	GB/T 8570.1—2008

续表

序号	标 准 名 称	标准编号
53	液体无水氨　氨含量的测定	GB/T 8570.2—2010
54	液体无水氨　残留物含量的测定　重量法	GB/T 8570.3—2010
55	液体无水氨　残留物含量的测定　容量法	GB/T 8570.4—2010
56	液体无水氨　水分的测定　卡尔　费休法	GB/T 8570.5—2010
57	液体无水氨　油含量的测定重量法和红外光谱法	GB/T 8570.6—2010
58	液体无水氨　铁含量的测定　邻菲啰啉分光光度法	GB/T 8570.7—2010
59	尿素	GB 2440—2001
60	尿素的测定方法　第1部分:总氮含量	GB/T 2441.1—2008
61	尿素测定方法　缩二脲含量的测定　分光光度法	GB/T 2441.2—2010
62	尿素测定方法　水分的测定　卡尔　费休法	GB/T 2441.3—2010
63	尿素测定方法　铁含量的测定　邻菲啰啉分光光度法	GB/T 2441.4—2010
64	尿素测定方法　碱度的测定　容量法	GB/T 2441.5—2010
65	尿素测定方法　水不溶物含量的测定　重量法	GB/T 2441.6—2010
66	尿素测定方法　粒度的测定　筛分法	GB/T 2441.7—2010
67	尿素测定方法　硫酸盐含量的测定　目视比浊法	GB/T 2441.8—2010
68*	硫包衣尿素	GB 29401—2012
69	尿素测定方法　亚甲基二脲含量的测定　分光光度法	GB/T 2441.9—2010
70	进出口尿素中含氮量的测定	SN/T 0840—1999
71	硝酸铵	GB 2945—1989
72	多孔粒状硝酸铵	HG/T 3280—2011
73	氯化铵	GB/T 2946—2008
74	农业用碳酸氢铵	GB 3559—2001
75	饲料用尿素	HG/T 2419—1993
76	氰氨化钙(及其第1号修改单)	HG 2427—1993
77	氨化硝酸钙	HG/T 3733—2004
78	硝酸铵钙	HG/T 3790—2005
79	副产硫酸铵	DL/T 808—2002

续表

序号	标　准　名　称	标准编号
四、磷肥		
80	钙镁磷肥	GB 20412—2006
81	过磷酸钙	GB 20413—2006
82	重过磷酸钙	GB 21634—2008
83	钙镁磷钾肥	HG 2598—1994
84	肥料级磷酸氢钙	HG/T 3275—1999
85	肥料级商品磷酸	HG/T 3826—2006
86	氯化钾	GB 6549—1996
87	农业用硫酸钾	GB 20406—2006
88	硫酸钾镁肥	GB/T 20937—2007
89	农业用硝酸钾	GB/T 20784—2006
90	磷酸二氢钾	HG 2321—1992
五、钾肥		
91	磷酸一铵、磷酸二铵	GB 10205—2009
92	磷酸一铵、磷酸二铵的测定方法　第1部分:总氮含量	GB/T 10209.1—2008
93	磷酸一铵、磷酸二铵中有效磷含量的测定	GB/T 10209.2—2010
94	磷酸一铵、磷酸二铵中水分的测定	GB/T 10209.3—2010
95	磷酸一铵、磷酸二铵粒度的测定	GB/T 10209.4—2010
96	硝酸磷肥、硝酸磷钾肥	GB/T 10510—2007
97	硝酸磷肥中总氮含量的测定　蒸馏后滴定法	GB/T 10511—2008
98	硝酸磷肥中磷含量的测定　磷钼酸喹啉重量法	GB/T 10512—2008
99	硝酸磷肥中游离水含量的测定　卡尔费休法	GB/T 10513—2012
100	硝酸磷肥中游离水含量的测定　烘箱法	GB/T 10514—2012
101	硝酸磷肥粒度的测定	GB/T 10515—2012
102	硝酸磷肥颗粒平均抗压碎力的测定	GB/T 10516—2012
103	农业用含磷型防爆硝酸铵	GB/T 20782—2006
六、多元肥料		
104	复混肥料(复合肥料)	GB 15063—2009
105	复混肥料　实验室样品制备	GB/T 8571—2008
106	复混肥料中总氮含量的测定　蒸馏后滴定法	GB/T 8572—2010

续表

序号	标　准　名　称	标准编号
107	复混肥料中有效磷含量的测定	GB/T 8573—2010
108	复混肥料中钾含量的测定　四苯硼酸钾重量法	GB/T 8574—2010
109	复混肥料中游离水含量的测定　真空烘箱法	GB/T 8576—2010
110	复混肥料中游离水含量的测定　卡尔费休法	GB/T 8577—2010
111	复混肥料中铜、铁、锰、锌、硼、钼含量的测定	GB/T 14540—2003
112	复混肥料中钙、镁、硫含量的测定	GB/T 19203—2003
113	复混肥料(复合肥料)中缩二脲含量的测定	GB/T 22924—2008
114	复混肥料粒度的测定	GB/T 24891—2010
115	复混肥料氯的测定	GB/T 24890—2010
116	碳铵复混肥料中稀土元素的含量及测定(暂行)	HG 2842—1997
117	有机-无机复混肥料	GB 18877—2009
118	有机-无机复混肥料	NY 481—2002
119	有机-无机复混肥料中总氮含量的测定	GB/T 17767.1—2008
120	有机-无机复混肥料中总磷含量的测定	GB/T 17767.2—2010
121	有机-无机复混肥料中总钾含量的测定	GB/T 17767.3—2010
122	掺混肥料(BB 肥)	GB 21633—2008
123	配方肥料	NY/T 1112—2006
124	复混肥料中缩二脲含量的测定	NY/T 1376—2007
125	农用微生物菌剂	GB 20287—2006
126	有机肥料全氮的测定	NY/T 297—1995
127	有机肥料全磷的测定	NY/T 298—1995
128	有机肥料全钾的测定	NY/T 299—1995
129	有机肥料速效磷的测定	NY/T 300—1995
130	有机肥料速效钾的测定	NY/T 301—1995
131	有机肥料水分的测定	NY/T 302—1995
132	有机肥料粗灰分的测定	NY/T 303—1995
133	有机肥料有机物总量的测定	NY/T 304—1995
134	有机肥料铜的测定方法	NY/T 305.1—1995
135	有机肥料锌的测定方法	NY/T 305.2—1995
136	有机肥料铁的测定方法	NY/T 305.3—1995
137	有机肥料锰的测定方法	NY/T 305.4—1995

续表

序号	标 准 名 称	标准编号
138	有机肥料	NY 525—2012
139	微生物肥料	NY/T 227—1994
140	根瘤菌肥料	NY 410—2000
141	固氮菌肥料	NY 411—2000
142	磷细菌肥料	NY 412—2000
143	硅酸盐细菌肥料	NY 413—2000
144	光合细菌菌剂	NY 527—2002
145	有机物料腐熟剂	NY 609—2002
146	复合微生物肥料	NY/T 798—2004
147	硅酸盐细菌菌种	NY 882—2004
148	农用微生物制剂生产技术规程	NY/T 883—2004
149	生物有机肥	NY 884—2004
150	农用微生物产品标识要求	NY 885—2004
151	微生物肥料生物安全通用技术准则	NY 1109—2006
152	微生物肥料术语	NY/T 1113—2006
153	微生物肥料实验用培养基技术条件	NY/T 1114—2006
154	微生物肥料田间试验技术规程及肥效评价指南	NY/T 1536—2007
155	根瘤菌生产菌株质量评价技术规范	NY/T 1735—2009
156	微生物肥料菌种鉴定技术规范	NY/T 1736—2009
157	微生物肥料生产菌株质量评价通用技术要求	NY/T 1847—2010
158	出口有机肥、骨粒(粉)检验规程	SN/T 1049—2002
159	生物发酵肥	QB/T 2849—2007
160	含氨基酸叶面肥料	GB/T 17419—1998
161	微量元素叶面肥料	GB/T 17420—1998
162	缓释肥料	GB/T 23348—2009
163	腐植酸铵肥料分析方法	HG/T 3276—1999
164	农业用硫酸锌	HG 3277—2000(2008)
165	铅酸蓄电池用腐植酸	HG/T 3589—1999(2008)
166	硫包衣尿素	HG/T 3997—2008
167	稳定性肥料	HG/T 4135—2010

续表

序号	标　准　名　称	标准编号
168	高尔夫球场草坪专用肥和土壤调理剂	HG/T 4136—2010
169	脲醛缓释肥料	HG/T 4137—2010
170	农业用腐植酸钠	HG/T 3278—2011
171	硅肥	NY/T 797—2004
172	农业用硫酸锰	NY/T 1111—2006
173	含腐植酸水溶肥料	NY 1106—2010
174	大量元素水溶肥料	NY 1107—2010
175	水溶肥料汞、砷、镉、铅、铬的限量及其含量测定	NY 1110—2010
176	水溶肥料钙、镁、硫含量的测定	NY/T 1117—2010
177	微量元素水溶肥料	NY 1428—2010
178	含氨基酸水溶肥料	NY 1429—2010
179	水溶肥料腐植酸含量的测定	NY/T 1971—2010
180	水溶肥料钠、硒、硅含量的测定	NY/T 1972—2010
181	水溶肥料水不溶物含量和 pH 值的测定	NY/T 1973—2010
182	水溶肥料铜、铁、锰、锌、硼、钼含量的测定	NY/T 1974—2010
183	水溶肥料游离氨基酸含量的测定	NY/T 1975—2010
184	水溶肥料有机质含量的测定	NY/T 1976—2010
185	水溶肥料总氮、磷、钾含量的测定	NY/T 1977—2010
186	农业用硫酸镁	GB/T 26568—2011
187	脲铵氮肥	HG/T 4214—2011
188	控释肥料	HG/T 4215—2011
189	缓释/控释肥料养分释放期及释放率的快速检测方法	HG/T 4216—2011
190	无机包裹型复混肥料(复合肥料)	HG/T 4217—2011
191	改性碳酸氢铵颗粒肥	HG/T 4218—2011
192	磷石膏土壤调理剂	HG/T 4219—2011
注：* 号为本书付印前新发布的标准。		

附录 2

产品标识标注规定

（1997 年 11 月 7 日 技监局监发[1997]172 号）

第一条 为了进一步规范产品标识，引导企业正确地标注产品的标识，明示产品质量信息，保护企业、用户、消费者的合法权益，根据《中华人民共和国产品质量法》等法律、法规的规定，制定本规定。

第二条 本规定所称产品标识是指用于识别产品及其质量、数量、特征、特性和使用方法所做的各种表示的统称。产品标识可以用文字、符号、数字、图案以及其他说明物等表示。

第三条 在中华人民共和国境内生产、销售的产品，其标识的标注，应当遵守本规定。法律、法规、规章和强制性国家标准、行业标准对产品标识的标注另有规定的，应当同时遵守其规定。

第四条 产品应当具有标识。裸装食品和其他根据产品的特点难以附加标识的裸装产品，可以不附加产品标识。

第五条 除产品使用说明外，产品标识应当标注在产品或者产品的销售包装上。产品或者产品销售包装的最大表面的面积小于 10 平方厘米的，在产品或者产品销售包装上可以仅标注产品名称、生产者名称；限期使用的产品，在产品或者产品的包装上还应当标注生产日期和安全使用期或者失效日期。本规定的其他标识内容可以标注在产品的其他说明物上。

第六条 产品标识所用文字应当为规范中文。可以同时使用汉语拼音或者外文，汉语拼音和外文应当小于相应中文。产品标识使用的汉字、数字和字母、其字体高度不得小于 1.8 毫米。

第七条 产品标识应当清晰、牢固，易于识别。

第八条 产品标识应当有产品名称。产品名称应当表明产品的真实属性，并符合下列要求：

（一）国家标准、行业标准对产品名称有规定的，应当采用国家标准、行业标准规定的名称；

（二）国家标准、行业标准对产品名称没有规定的，应当使用不会引起用户、消费者误解和混淆的常用名称或者俗名；

（三）如标注“奇特名称”、“商标名称”时，应当在同一部位明显标注本条（一）、（二）项规定的一个名称。

第九条 产品标识应当有生产者的名称和地址。生产者的名称和地址应当是依法登记注册的，能承担产品质量责任的生产者名称和地址。进口产品可以不标原生产者的名称、地址，但应当标明该产品的原产地（国家/地区，下同），以及代理商或者进口商或者销售商在中国依法登记注册的名称和地址。进口产品的原产地，依据《中华人民共和国海关关于进口货物原产地的暂行规定》予以确定。有下列情形之一的，按照下列规定相应予以标注：

（一）依法独立承担法律责任的集团公司或者其子公司，对其生产的产品，应当标注各自的名称、地址；

（二）依法不能独立承担法律责任的集团公司的分公司或者集团公司的生产基地，对其生产的产品，可以标注集团公司和分公司或者生产基地的名称、地址，也可以仅标注集团公司的名称、地址；

（三）按照合同或者协议的约定相互协作，但又各自独立经营的企业，在其生产的产品上，应当标注各自的生产者名称、地址；

（四）受委托的企业为委托人加工产品，且不负责对外销售的，在该产品上应当标注委托人的名称和地址；

（五）在中国设立办事机构的外国企业，其生产的产品可以标注该办事机构在中国依法登记注册的名称和地址。

第十条 国内生产的合格产品应当附有产品质量检验合格证明。

第十一条 国内生产并在国内销售的产品，应当标明企业所执行的国家标准、行业标准、地方标准或者经备案的企业标准的编号。

第十二条 产品标识中使用的计量单位，应当是法定计量单位。

第十三条 实行生产许可证管理的产品，应当标明有效的生产许可证标记和编号。

第十四条 根据产品的特点和使用要求，需要标明产品的规格、等级、数量、净含量、所含主要成份的名称和含量以及其他技术要求的，应当相应予以标明。净含量的标注应当符合《定量包装商品计量监督规定》的要求。

第十五条 限期使用的产品，应当标明生产日期和安全使用期或者失效日期。日期的表示方法应当符合国家标准规定或者采用“年、月、日”表示。生产日期和安全使用期或者失效日期应当印制在产品或者产品的销售包装上。

第十六条 使用不当，容易造成产品本身损坏或者可能危及人体健康和人身、财产安全的产品，应当有警示标志或者中文警示说明。剧毒、放射性、危险、易碎、怕压、需要防潮、不能倒置以及有其他特殊要求的产品，其包装应当符合法律、法规、合同规定的要求，应当标注警示标志或者中文警示说明，标明储运注意事项。

第十七条 性能、结构及使用方法复杂、不易安装使用的产品，应当根据该产品的国家标准、行业标准、地方标准的规定，有详细的安装、维护及使用说明。

第十八条　生产者标注的产品的产地应当是真实的。产品的产地应当按照行政区划的地域概念进行标注。本规定所称产地，是指产品的最终制作地、加工地或者组装地。产品形成后，又在异地进行辅助性加工的，应当按照本条第二款的规定确定产地。法律、行政法规对产品产地的认定另有规定的，从其规定。

第十九条　获得质量认证的产品，可以在认证有效期内生产的该种产品上标注认证标志。

第二十条　获得国家认可的名优称号或者名优标志的产品，可以标注名优称号或者名优标志。标注名优称号或者名优标志时，应明确标明获得时间和有效期间。

第二十一条　产品标识标注的产品条码，应当是有效的产品条码。

第二十二条　生产者按照合同为用户特制的不直接用于销售的产品，其产品标识可以按照合同的要求标注。

第二十三条　销售者销售的商品的标识应当符合本办法的规定。

第二十四条　生产者、销售者不得伪造或者冒用他人的名称和地址；不得伪造产品的产地、生产日期和失效日期，不得伪造或者冒用生产许可证标志、产品条码和认证标志、名优标志等质量标志以及其他质量证明。

第二十五条　本规定下列用语的含义是：

（一）奇特名称是指以不按常规的命名方法，而使用用户、消费者不易理解、不能识别产品的产品名称；

（二）商标名称是指以产品的商标命名的产品名称。

第二十六条　本规定由国家技术监督局负责解释。

第二十七条　本规定自发布之日起施行。

附录 3

定量包装商品计量监督管理办法

（国家质量监督检验检疫总局令第 75 号）

《定量包装商品计量监督管理办法》经 2005 年 5 月 16 日国家质量监督检验检疫总局局务会议审议通过，现予公布，自 2006 年 1 月 1 日起施行。原国家技术监督局发布的《定量包装商品计量监督规定》（国家技术监督局令第 43 号）同时废止。

二〇〇五年五月三十日

定量包装商品计量监督管理办法

第一条 为了保护消费者和生产者、销售者的合法权益，规范定量包装商品的计量监督管理，根据《中华人民共和国计量法》并参照国际通行规则，制定本办法。

第二条 在中华人民共和国境内，生产、销售定量包装商品，以及对定量包装商品实施计量监督管理，应当遵守本办法。

本办法所称定量包装商品是指以销售为目的，在一定量限范围内具有统一的质量、体积、长度、面积、计数标注等标识内容的预包装商品。

第三条 国家质量监督检验检疫总局对全国定量包装商品的计量工作实施统一监督管理。

县级以上地方质量技术监督部门对本行政区域内定量包装商品的计量工作实施监督管理。

第四条 定量包装商品的生产者、销售者应当加强计量管理，配备与其生产定量包装商品相适应的计量检测设备，保证生产、销售的定量包装商品符合本办法的规定。

第五条 定量包装商品的生产者、销售者应当在其商品包装的显著位置正确、清晰地标注定量包装商品的净含量。

净含量的标注由“净含量”（中文）、数字和法定计量单位（或者用中文表示的计数单位）三个部分组成。法定计量单位的选择应当符合本办法附表 1 的规定。

以长度、面积、计数单位标注净含量的定量包装商品，可以免于标注“净含量”三个中文字，只标注数字和法定计量单位(或者用中文表示的计数单位)。

第六条　定量包装商品净含量标注字符的最小高度应当符合本办法附表2的规定。

第七条　同一包装内含有多件同种定量包装商品的，应当标注单件定量包装商品的净含量和总件数，或者标注总净含量。

同一包装内含有多件不同种定量包装商品的，应当标注各种不同种定量包装商品的单件净含量和各种不同种定量包装商品的件数，或者分别标注各种不同种定量包装商品的总净含量。

第八条　单件定量包装商品的实际含量应当准确反映其标注净含量，标注净含量与实际含量之差不得大于本办法附表3规定的允许短缺量。

第九条　批量定量包装商品的平均实际含量应当大于或者等于其标注净含量。

用抽样的方法评定一个检验批的定量包装商品，应当按照本办法附表4中的规定进行抽样检验和计算。样本中单件定量包装商品的标注净含量与其实际含量之差大于允许短缺量的件数以及样本的平均实际含量应当符合本办法附表4的规定。

第十条　强制性国家标准、强制性行业标准对定量包装商品的允许短缺量以及法定计量单位的选择已有规定的，从其规定；没有规定的按照本办法执行。

第十一条　对因水分变化等因素引起净含量变化较大的定量包装商品，生产者应当采取措施保证在规定条件下商品净含量的准确。

第十二条　县级以上质量技术监督部门应当对生产、销售的定量包装商品进行计量监督检查。

质量技术监督部门进行计量监督检查时，应当充分考虑环境及水分变化等因素对定量包装商品净含量产生的影响。

第十三条　对定量包装商品实施计量监督检查进行的检验，应当由被授权的计量检定机构按照《定量包装商品净含量计量检验规则》进行。

检验定量包装商品，应当考虑储存和运输等环境条件可能引起的商品净含量的合理变化。

第十四条　定量包装商品的生产者、销售者在使用商品的包装时，应当节约资源、减少污染、正确引导消费，商品包装尺寸应当与商品净含量的体积比例相当。不得采用虚假包装或者故意夸大定量包装商品的包装尺寸，使消费者对包装内的商品量产生误解。

第十五条　国家鼓励定量包装商品生产者自愿参加计量保证能力评价工

作，保证计量诚信。

省级质量技术监督部门按照《定量包装商品生产企业计量保证能力评价规范》的要求，对生产者进行核查，对符合要求的予以备案，并颁发全国统一的《定量包装商品生产企业计量保证能力证书》，允许在其生产的定量包装商品上使用全国统一的计量保证能力合格标志。

第十六条 获得《定量包装商品生产企业计量保证能力证书》的生产者，违反《定量包装商品生产企业计量保证能力评价规范》要求的，责令其整改，停止使用计量保证能力合格标志，可处 5 000 元以下的罚款；整改后仍不符合要求的或者拒绝整改的，由发证机关吊销其《定量包装商品生产企业计量保证能力证书》。

定量包装商品生产者未经备案，擅自使用计量保证能力合格标志的，责令其停止使用，可处 30 000 元以下罚款。

第十七条 生产、销售定量包装商品违反本办法第五条、第六条、第七条规定，未正确、清晰地标注净含量的，责令改正；未标注净含量的，限期改正，逾期不改的，可处 1 000 元以下罚款。

第十八条 生产、销售的定量包装商品，经检验违反本办法第九条规定的，责令改正，可处检验批货值金额 3 倍以下，最高不超过 30 000 元的罚款。

第十九条 本办法规定的行政处罚，由县级以上地方质量技术监督部门决定。

县级以上地方质量技术监督部门按照本办法实施行政处罚，必须遵守国家法律、法规和国家质量监督检验检疫总局关于行政案件办理程序的有关规定。

第二十条 行政相对人对行政处罚决定不服的，可以依法申请行政复议或者提起行政诉讼。

第二十一条 从事定量包装商品计量监督管理的国家工作人员滥用职权、玩忽职守、徇私舞弊，情节轻微的，给予行政处分；构成犯罪的，依法追究刑事责任。

从事定量包装商品计量检验的机构和人员有下列行为之一的，由省级以上质量技术监督部门责令限期整改；情节严重的，应当取消其从事定量包装商品计量检验工作的资格，对有关责任人员依法给予行政处分；构成犯罪的，依法追究刑事责任：

（一）伪造检验数据的。

（二）违反《定量包装商品净含量计量检验规则》进行计量检验的。

（三）使用未经检定、检定不合格或者超过检定周期的计量器具开展计量检验的。

（四）擅自将检验结果及有关材料对外泄露的。

（五）利用检验结果参与有偿活动的。

第二十二条 本办法下列用语的含义是：

（一）预包装商品是指销售前预先用包装材料或者包装容器将商品包装好，并有预先确定的量值（或者数量）的商品。

（二）净含量是指除去包装容器和其他包装材料后内装商品的量。

（三）实际含量是指由质量技术监督部门授权的计量检定机构按照《定量包装商品净含量计量检验规则》通过计量检验确定的定量包装商品实际所包含的量。

（四）标注净含量是指由生产者或者销售者在定量包装商品的包装上明示的商品的净含量。

（五）允许短缺量是指单件定量包装商品的标注净含量与其实际含量之差的最大允许量值（或者数量）。

（六）检验批是指接受计量检验的，由同一生产者在相同生产条件下生产的一定数量的同种定量包装商品或者在销售者抽样地点现场存在的同种定量包装商品。

（七）同种定量包装商品是指由同一生产者生产，品种、标注净含量、包装规格及包装材料均相同的定量包装商品。

（八）计量保证能力合格标志（也称C标志，C为英文“中国”的头一个字母）是指由国家质检总局统一规定式样，证明定量包装商品生产者的计量保证能力达到规定要求的标志。

第二十三条 本办法由国家质量监督检验检疫总局负责解释。

第二十四条 本办法自2006年1月1日起施行。原国家技术监督局发布的《定量包装商品计量监督规定》（国家技术监督局令第43号）同时废止。

附表1 法定计量单位的选择

	标注净含量（Q_n）的量限	计量单位
质量	Q_n<1 000克	g（克）
	Q_n≥1 000克	kg（千克）
体积	Q_n<1 000毫升	mL（ml）（毫升）
	Q_n≥1 000毫升	L（l）（升）
长度	Q_n<100厘米	mm（毫米）或者cm（厘米）
	Q_n≥100厘米	m（米）

续表

	标注净含量(Q_n)的量限	计 量 单 位
面积	Q_n<100 平方厘米	mm^2(平方毫米) 或者 cm^2(平方厘米)
	1 平方厘米≤Q_n<100 平方分米	dm^2(平方分米)
	Q_n≥1 平方米	m^2(平方米)

附表 2　标注字符高度

标注净含量(Q_n)	字符的最小高度(mm)
Q_n≤50 g Q_n≤50 mL	2
50 g<Q_n≤200 g 50 mL<Q_n≤200 mL	3
200 g<Q_n≤1 000 g 200 mL<Q_n≤1 000 mL	4
Q_n>1 kg Q_n>1 L	6
以长度、面积、计数单位标注	2

附表 3　允许短缺量

质量或体积定量包装商品的标注净含量 (Q_n) g 或 mL	允许短缺量 (T) g 或 mL	
	Q_n 的百分比	g 或 mL
0～50	9	—
50～100	—	4.5
100～200	4.5	—
200～300	—	9
300～500	3	—
500～1 000	—	15
1 000～10 000	1.5	—
10 000～15 000	—	150
15 000～50 000	1	—

续表

长度定量包装商品的标注净含量(Q_n)	允许短缺量(T)m
$Q_n \leqslant 5$m	不允许出现短缺量
$Q_n > 5$m	$Q_n \times 2\%$
面积定量包装商品的标注净含量(Q_n)	允许短缺量 (T)
全部 Q_n	$Q_n \times 3\%$
计数定量包装商品的标注净含量(Q_n)	允许短缺量 (T)
$Q_n \leqslant 50$	不允许出现短缺量
$Q_n > 50$	$Q_n \times 1\%$ **

注：* 对于允许短缺量(T)，当 $Q_n \leqslant 1$ kg(L)时，T 值的 0.01 g(mL)位修约至 0.1 g(mL)；当 $Q_n > 1$ kg(L)时，T 值的 0.1 g(mL)位修约至 g(mL)；

** 以标注净含量乘以 1%，如果出现小数，就把该数进位到下一个紧邻的整数。这个值可能大于 1%，但这是可以接受的，因为商品的个数为整数，不能带有小数。

附表 4　计量检验抽样方案

第一栏	第二栏	第三栏		第四栏	
检验批量 N	抽取样本量 n	样本平均实际含量修正值($\lambda \cdot s$)		允许大于 1 倍，小于或者等于 2 倍允许短缺量的件数	允许大于 2 倍允许短缺量的件数
		修正因子 $\lambda = t_{0.995} \times \frac{1}{\sqrt{n}}$	样本实际含量标准偏差 s		
1～10	N	—	—	0	0
11～50	10	1.028	s	0	0
51～99	13	0.848	s	1	0
100～500	50	0.379	s	3	0
501～3 200	80	0.295	s	5	0
大于 3 200	125	0.234	s	7	0

样本平均实际含量应当大于或者等于标注净含量减去样本平均实际含量修正值($\lambda \cdot s$)

即：$\bar{q} \geqslant (Q_n - \lambda \cdot s)$

式中：$\bar{q}$——样本平均实际含量，$\bar{q} = \frac{1}{n}\sum_{i=1}^{n} q_i$；

Q_n——标注净含量；

λ——修正因子；

s——样本实际含量标准偏差，$s = \sqrt{\frac{1}{n-1}\sum_{i=1}^{n}(q_i - \bar{q})^2}$。

注：1　本抽样方案的置信度为 99.5%；

2　本抽样方案对于批量为 1～10 件的定量包装商品，只对单件定量包装商品的实际含量进行检验，不作平均实际含量的计算。

附录 4

国家质量监督检验检疫总局关于实施《中华人民共和国产品质量法》若干问题的意见

（国质检法[2011]83 号）

各省、自治区、直辖市质量技术监督局：

2001 年 3 月 15 日，原国家质量技术监督局印发了《关于实施〈中华人民共和国产品质量法〉若干问题的意见》，在正确贯彻实施产品质量法，做好质量监督和行政执法工作等方面，发挥了积极作用。为了保证意见符合新公布的有关法律法规的规定，适应实际工作的需要，总局对《关于实施〈中华人民共和国产品质量法〉若干问题的意见》进行了修订，现重新印发你们。

一、关于产品质量监督检查

（一）按照《中华人民共和国产品质量法》的规定，产品质量监督抽查所需样品应当在市场上或者企业成品仓库内的待销产品中随机抽取；抽样数量应当按照检验的合理需要确定。因此，质量技术监督部门实施监督抽查，样品由被检查者无偿提供。检验合格的样品除因检验造成破坏或损耗之外，在检验工作结束且无异议后一个季度内必须返还。同时通知被检查单位解封作备样的封存样品。《中华人民共和国食品安全法》对食品的抽样检验另有规定的除外。

（二）按照《中华人民共和国产品质量法》第十五条第三款规定，生产者、销售者对抽查检验的结果有异议的，可以向实施监督抽查的质量技术监督部门或者其上一级质量技术监督部门提出复检申请。复检合格的，不再收取检验费；复检不合格的，应当缴纳检验费。

（三）《中华人民共和国产品质量法》第十七条第二款规定："监督抽查的产品有严重质量问题的，依据本法第五章的有关规定处罚。"各级质量技术监督部门在实施产品质量监督检查后处理工作时，要正确把握一般质量问题和严重质量问题的界限。有严重质量问题是指：1. 产品质量不符合保障人体健康和人身、财产安全的国家标准、行业标准的；2. 在产品中掺杂、掺假，以假充真，以次充好，以不合格产品冒充合格产品的；3. 属于国家明令淘汰产品的；4. 失效、变质的；5. 伪造产品产地的，伪造或者冒用他人厂名、厂址的，伪造或者冒用生产日期、安全使用期或者失效日期的，伪造或者冒用认证标志等质量标志的；6. 其他法律法规规定的属于严重质量问题的情形的。除上述问题之外的，属于一般质量问题。对有严重质量问题的，应当按照《中华人民共和国产品质量法》第四十九条至第五十三条的规定实施行政处罚。

二、关于行政强制措施的实施

（一）按照《中华人民共和国产品质量法》第十八条规定，质量技术监督部门在实施行政强制措施时，应当具备以下条件：1.有违法嫌疑的证据或者举报；2.实施行政强制措施的程序必须合法。

（二）按照法律规定，查封、扣押的产品范围是法律第四十九条至第五十三条禁止生产、销售的产品。产品存在的瑕疵问题、标识不规范的问题，不能实施查封、扣押。

（三）查封、扣押的期限为三个月；对于产品的安全使用期或者失效日期不足三个月的，查封、扣押后的处理不得超过产品的安全使用期或者失效日期。因案情复杂等情况，质量技术监督部门需要延长查封、扣押期限的，应当报上一级质量技术监督部门批准。

三、关于建设工程中使用的产品的监督问题

《中华人民共和国产品质量法》第二条规定，建设工程使用的建筑材料、建筑构配件和设备，适用本法规定。因此，质量技术监督部门应当依据《中华人民共和国产品质量法》对上述产品进行监督。

质量技术监督部门可以进入建筑工地进行监督检查和执法检查，发现建设施工单位使用的建筑材料、建筑构配件和设备有质量问题，可以对建设单位和建设施工单位进行调查，以此为线索依法追究生产者的产品质量责任。并将建设施工单位使用有质量问题的建筑材料、建筑构配件和设备的情况通报建设行政主管部门。

四、关于对产品标识的监督问题

（一）按照《中华人民共和国产品质量法》第二十七条规定，产品标识必须真实，并符合下列要求：具有产品质量检验合格证明，具有中文标注的产品名称，对产品质量负有责任的生产者的厂名、厂址，以及其他有关标识内容。不符合上述规定的，应当依法责令产品的生产者改正。

（二）按照《中华人民共和国产品质量法》第二十七条规定，产品（包括进口产品）标识应当使用中文，对产品名称、厂名、厂址、规格、等级、含量、警示说明等标识应当使用中文而未用中文标注的产品，应当依法责令产品的生产者、销售者改正。

（三）为贯彻落实《中华人民共和国产品质量法》有关标识的规定，原国家质量技术监督局发布实施了《产品标识标注规定》，总局发布实施了《食品标识管理规定》和《化妆品标识管理规定》，目的在于引导企业正确标注标识。有关标识的具体标注方法，应当按照上述规定执行。质量技术监督部门应当严格按照上述规定开展产品标识行政执法工作。

（四）《中华人民共和国食品安全法》对食品标识另有规定的从其规定。

五、关于销售者销售法律禁止销售的产品的法律适用问题

按照《中华人民共和国产品质量法》第五十五条规定，销售者销售法律第四十九条至第五十三条禁止销售的产品，有充分证据证明其不知道该产品为禁止销售的产品并如实说明其进货来源的，质量技术监督部门按照职责范围依法从轻或者减轻处罚。销售者销售上述产品不能提供充分证据证明其不知道该产品为法律禁止销售的产品，不能说明或者不如实说明其进货来源的，应当按照职责范围严格依法予以处罚。

对销售者销售上述产品的处罚方式和幅度，应当根据以上情况对应法律第四十九条至第五十三条的规定具体适用。

六、关于《中华人民共和国产品质量法》与其他法律法规的关系

（一）《中华人民共和国产品质量法》是规范产品质量监督和行政执法活动的一般法。按照特殊法优于一般法的原则，《药品管理法》、《种子法》等特殊法对产品质量监督和行政执法有规定的，从其规定；特殊法没有规定的，依据《中华人民共和国产品质量法》的规定执行。

（二）《工业产品质量责任条例》、《产品质量监督试行办法》目前仍是有效的行政法规，在适用时应当遵循法的效力等级原则。对同一问题上述行政法规与法律均有规定但相抵触的，应当以《中华人民共和国产品质量法》的规定为准；《中华人民共和国产品质量法》没有规定，而上述行政法规有规定的，可以依照行政法规的规定执行。

（三）《中华人民共和国产品质量法》第四十九条有关生产、销售不符合保障人体健康和人身、财产安全的标准的处罚，与《中华人民共和国标准化法》及其实施条例规定的生产、销售不符合强制性标准的处罚不一致。根据后法优先原则，对不符合强制性标准的产品实施处罚，应当适用《中华人民共和国产品质量法》第四十九条的规定。

（四）《中华人民共和国产品质量法》与《中华人民共和国食品安全法》对同一事项均有规定且互有抵触的，按照后法优于前法的原则，应当遵守《中华人民共和国食品安全法》。

七、关于对食品、烟草、化妆品、农药、兽药等产品的监督检查问题

（一）关于对食品的监督检查问题

食品属于《中华人民共和国产品质量法》的调整范围。各级质量技术监督部门应当加强对食品生产活动的监督管理，对食品生产者的违法行为应当依据《中华人民共和国食品安全法》、《中华人民共和国产品质量法》等法律法规予以查处。

（二）关于对烟草的监督检查问题

烟草属于《中华人民共和国产品质量法》的调整范围。因此，质量技术监督部门有权依据《中华人民共和国产品质量法》的有关规定对烟草质量违法行为进行查处。

（三）关于对化妆品的监督检查问题

化妆品属于《中华人民共和国产品质量法》的调整范围。对生产、销售不符合化妆品产品标准，失效、变质，掺杂、掺假，以假充真，以次充好，以不合格化妆品冒充合格化妆品，无生产许可证进行生产、销售等违法行为，以及化妆品标识不符合法定要求的，质量技术监督部门应当依据《中华人民共和国产品质量法》、《工业产品质量责任条例》、《工业产品生产许可证管理条例》、《化妆品标识管理规定》等法律、法规、规章的规定对化妆品的质量进行监督管理。对化妆品卫生监督管理方面的问题，应当适用《化妆品卫生监督条例》。

（四）关于对农药的监督检查问题

农药是工业产品，属于《中华人民共和国产品质量法》的调整范围，质量技术监督部门可以依据《中华人民共和国产品质量法》和《农药管理条例》的规定，对生产假劣农药的违法行为实施处罚。

（五）关于对兽药的监督检查问题

兽药是工业产品，对兽药如何进行管理，国务院制定的《兽药管理条例》作了明确规定。因此，涉及兽药生产、经营活动中的管理问题以及对违反条例的行为实施行政处罚，应当遵守《兽药管理条例》的规定。国务院法制办 1999 年以国法秘函〔1999〕41 号文明确了《兽药管理条例》的执法主体问题。即《兽药管理条例》的执法主体是农牧部门和工商行政管理部门。质量技术监督部门发现违反《兽药管理条例》的案件，应当移送农牧部门、工商部门、公安等有关部门依法查处。

（六）其他产品的监督检查问题

对医疗器械、饲料和饲料添加剂等产品的监督检查，国务院制定了专门行政法规的，对这些产品的监督检查应当适用行政法规的规定；没有规定的，应当适用其他法律法规。

八、关于生产、销售假冒伪劣产品行为的认定问题

根据《中华人民共和国产品质量法》的规定，以下行为应当认定为生产、销售假冒伪劣产品的行为：

（一）生产国家明令淘汰产品，销售国家明令淘汰并停止销售的产品和销售失效、变质产品的行为。国家明令淘汰的产品，指国务院有关行政部门依据其行政职能，按照一定的程序，采用行政的措施，通过发布行政文件的形式，向社会公布自某日起禁止生产、销售的产品。失效、变质产品，指产品失去了原有的效力、作用，产品发生了本质性变化，失去了应有使用价值的产品。

（二）伪造产品产地的行为。指在甲地生产产品，而在产品标识上标注乙地的地名的质量欺诈行为。

（三）伪造或者冒用他人厂名、厂址的行为。指非法标注他人厂名、厂址标识，或者在产品上编造、捏造不真实的生产厂厂名和厂址以及在产品上擅自使用他人的生产厂厂名和厂址的行为。

（四）伪造或者冒用认证标志等质量标志的行为。指在产品、标签、包装上，用文字、符号、图案等方式非法制作、编造、捏造或非法标注质量标志以及擅自使用未获批准的质量标志的行为。质量标志包括我国政府有关部门批准或认可的产品质量认证标志、企业质量体系认证标志、国外的认证标志、地理标志等。

（五）在产品中掺杂、掺假的行为。指生产者、销售者在产品中掺入杂质或者造假，进行质量欺诈的违法行为。其结果是，致使产品中有关物质的成分或者含量不符合国家有关法律、法规、标准或者合同要求。

（六）以假充真的行为。指以此产品冒充与其特征、特性等不同的他产品，或者冒充同一类产品中具有特定质量特征、特性的产品的欺诈行为。

（七）以次充好的行为。指以低档次、低等级产品冒充高档次、高等级产品或者以旧产品冒充新产品的违法行为。

（八）以不合格产品冒充合格产品的行为。不合格产品是指产品质量不符合《中华人民共和国产品质量法》第二十六条规定的产品。以不合格产品冒充合格产品是指以质量不合格的产品作为或者充当合格产品。

九、关于在经营性服务活动中使用假冒伪劣产品的监督检查问题

在经营性服务活动中使用假冒伪劣产品主要是指在美容美发、餐饮、维修、娱乐等经营服务活动中，经营者使用假冒伪劣产品为消费者提供服务的行为。质量技术监督部门发现在上述活动中经营者使用《中华人民共和国产品质量法》第四十九条至第五十二条规定禁止销售的产品，包括不符合保障人体健康、人身财产安全标准的产品；掺杂、掺假，以假充真，以次充好，以不合格产品冒充合格的产品；国家明令淘汰并停止销售的产品以及失效、变质的产品，按照职责范围依照法律有关销售者的处罚规定对经营者给予处罚。发现经营者使用的产品存在标识标注的不规范、不准确，不符合《中华人民共和国产品质量法》第二十七条规定要求的，按照职责范围依照该法第五十四条的规定实施处罚。

十、关于办案证据的确认问题

（一）质量技术监督部门在行政执法过程中，需对涉嫌假冒的产品进行鉴定，鉴定结论可以作为办理技术监督行政案件的重要证据之一。质量技术监督行政执法部门经过查证，可以将被假冒生产企业出具的鉴定结论和提供的其他证明材料，作为认定该产品真伪的依据。

（二）质量技术监督部门若通过检验对产品的内在质量进行判断，应当以法定检验机构出具的检验报告为准。

十一、关于“货值金额”和“违法所得”、“违法收入”的计算问题

按照《中华人民共和国产品质量法》的规定，货值金额是指当事人违法生产、销售产品的数量（包括已售出的和未售出的产品）与其单件产品标价的乘积。对生产的单件产品标价应当以销售明示的单价计算；对销售的单件产品标价应当以销售者货签上标明的单价计算。生产者、销售者没有标价的，按照该产品被查处时该地区市场零售价的平均单价计算。本法所称违法所得是指获取的利润。

《中华人民共和国产品质量法》第六十一条、第六十七条规定的违法收入，指违反法律规定从事运输、仓储、保管，提供制假技术，向社会推荐产品以及进行产品的监制、监销等违法活动所获取的全部收入。

十二、关于建立产品质量举报制度的问题

按照《中华人民共和国产品质量法》第十条规定，各省、自治区、直辖市质量技术监督部门应当及时配合当地政府制定有关举报奖励制度，建立健全举报处理程序。各级质量技术监督部门应当向社会公布举报电话，登记并及时处理举报，不得无故拖延或者推诿。

二〇一一年二月二十二日

附录 5

农业生产资料市场监督管理办法

（国家工商行政管理总局令第 45 号）

第一条 为了加强农业生产资料（以下简称农资）市场管理，规范农资市场经营行为，保护经营者和消费者，特别是维护农民的合法权益，保障粮食生产，促进农村改革发展，根据《产品质量法》、《种子法》、《农业机械化促进法》、《农药管理条例》等有关法律、法规，制定本办法。

第二条 在中华人民共和国境内的农资经营者和农资交易市场开办者，应当遵守本办法。

第三条 本办法所称农资，是指种子、农药、肥料、农业机械及零配件、农用薄膜等与农业生产密切相关的农业投入品 。

本办法所称农资经营者，是指从事农资经营的自然人、企业法人和其他经济组织。

第四条 工商行政管理部门负责农资市场的监督管理，依法履行下列职责：

（一）依法监督检查辖区内农资经营者的经营行为，对违法行为进行查处；

（二）依法监督检查辖区内农资的质量，对不合格的农资进行查处；

（三）依法受理并处理辖区内农资消费者的申诉和举报；

（四）依法履行其他农资市场监督管理职责。

第五条 农资经营者和农资交易市场开办者，应当依法向工商行政管理部门申请办理登记，领取营业执照后，方可从事经营活动。

法律、行政法规或者国务院决定规定设立农资经营者和农资交易市场开办者须经批准的，或者申请登记的经营范围中属于法律、行政法规或者国务院决定规定在登记前须经批准的项目的，应当在申请登记前，报经国家有关部门批准，并在登记注册时提交有关批准文件。

第六条 申请从事化肥经营的企业、个体工商户、农民专业合作社，可以直接向工商行政管理部门申请办理登记。企业从事化肥连锁经营的，可以持企业总部的连锁经营相关文件和登记材料，直接到门店所在地工商行政管理部门申请办理登记。

申请从事化肥经营的企业、个体工商户应当有相应的住所、经营场所；企业注册资本（金）、个体工商户的资金数额不得少于 3 万元人民币。申请在省域范围内设立分支机构、从事化肥经营的企业，企业总部的注册资本(金) 不得少于 1 000 万元人民币；申请跨省域设立分支机构、从事化肥经营的企业，企业总部的注册资本(金) 不得少于 3 000 万元人民币。

专门经营不再分装的包装种子的，或者受具有种子经营许可证的种子经营者的书面委托为其代销种子的，或者种子经营者按照经营许可证规定的有效区域设立分支机构的，可以直接向工商行政管理部门申请办理登记。

第七条 农民专业合作社向其成员销售农资的，可以不办理营业执照。

农民个人自繁、自用的常规种子有剩余的，可以在集贸市场上出售、串换，可以不办理种子经营许可证和营业执照。

第八条 农资经营者应当依法从事经营活动，并接受工商行政管理部门的监督管理，不得从事下列经营活动：

(一) 依法应当取得营业执照而未取得营业执照或者超出核准的经营范围和期限从事农资经营活动的；

(二) 经营国家明令禁止、过期、失效、变质以及其他不合格农资的；

(三) 经营标签标识标注内容不符合国家标准，伪造、涂改国家标准规定的标签标识标注内容，侵犯他人注册商标专用权，假冒知名商品特有的名称、包装、装潢或者使用与之近似的名称、包装、装潢的农资的；

(四) 利用广告、说明书、标签或者包装标识等形式对农资的质量、制作成分、性能、用途、生产者、适用范围、有效期限和产地等作引人误解的虚假宣传的；

(五) 其他违反法律、法规规定的行为。

第九条 农资经营者应当对其经营的农资的产品质量负责，建立健全内部产品质量管理制度，承担以下责任和义务：

(一) 农资经营者应当建立健全进货索证索票制度，在进货时应当查验供货商的经营资格，验明产品合格证明和产品标识，并按照同种农资进货批次向供货商索要具备法定资质的质量检验机构出具的检验报告原件或者由供货商签字、盖章的检验报告复印件，以及产品销售发票或者其他销售凭证等相关票证；

(二) 农资经营者应当建立进货台账，如实记录产品名称、规格、数量、供货商及其联系方式、进货时间等内容。从事批发业务的，应当建立产品销售台账，如实记录批发的产品品种、规格、数量、流向等内容。进货台账和销售台账，保存期限不得少于 2 年；

(三) 农资经营者应当向消费者提供销售凭证，按照国家法律、法规规定或者与消费者的约定，承担修理、更换、退货等三包责任和赔偿损失等农资的产品质量责任；

（四）农资经营者发现其提供的农资存在严重缺陷，可能对农业生产、人身健康、生命财产安全造成危害的，应当立即停止销售该农资，通知生产企业或者供货商，及时向监管部门报告和告知消费者，采取有效措施，及时追回不合格的农资。已经使用的，要明确告知消费者真实情况和应当采取的补救措施；

（五）配合工商行政管理部门的监督管理工作；

（六）法律、法规规定的其他义务。

第十条 农资交易市场开办者应当遵守相关法律、法规，建立并落实农资的产品质量管理制度和责任制度，承担以下责任和义务：

（一）审查入场经营者的经营资格，对无证无照的，不得允许其在市场内经营；

（二）明确告知入场经营者对农资的质量管理责任，以书面形式约定入场经营者建立进货查验、索证索票、进销货台账、质量承诺、不合格产品下架、退市制度，对种子经营者还应当要求其建立种子经营档案；

（三）建立消费者投诉处理制度，配合有关部门处理消费纠纷；

（四）配合工商行政管理部门的监督管理，发现经营者有本办法第八条所禁止行为的，应当及时制止并报告工商行政管理部门；

（五）法律、法规规定的其他义务。

第十一条 工商行政管理部门应当建立下列制度，对农资市场实施监督管理：

（一）实行农资经营者信用分类监管制度；

（二）按照属地管理原则，实行农资市场巡查制度；

（三）实行农资市场监管预警制度，根据市场巡查、消费者申诉、举报和查处违法行为记录等情况，向社会公布农资市场监管动态信息，及时发布消费警示；

（四）建立 12315 消费者申诉举报网络，及时受理和处理农资消费者咨询、申诉和举报。

第十二条 工商行政管理部门监督管理农资市场，依据《行政处罚法》、《产品质量法》、《反不正当竞争法》、《无照经营查处取缔办法》等法律、法规的有关规定，可以行使下列职权：

（一）责令停止相关活动；

（二）向有关的单位和个人调查、了解有关情况；

（三）进入农资经营场所，实施现场检查；

（四）查阅、复制、查封、扣押有关的合同、票据、账簿等资料；

（五）查封、扣押有证据表明危害人体健康和人身、财产安全的或者有其他严重质量问题的农资，以及直接用于销售该农资的原材料、包装物、工具；

（六）法律、法规规定的其他职权。

第十三条 工商行政管理部门应当建立农资市场监管工作责任制度和责任追究制度。工商行政管理部门工作人员不依法履行职责，损害农资经营者、消费者的合法权益的，依法给予行政处分；构成犯罪的，依法追究刑事责任。

第十四条 农资经营者违反本办法第九条规定，由工商行政管理部门责令改正，处 1 000 元以上 1 万元以下的罚款。

第十五条 农资交易市场开办者违反本办法第十条规定，由工商行政管理部门责令改正，处 1 000 元以上 1 万元以下罚款。

第十六条 违反本办法规定，现行法律、法规和规章有明确规定的，从其规定。

第十七条 本办法由国家工商行政管理总局负责解释。

第十八条 本办法自 2009 年 11 月 1 日起实施。

附录 6

工业企业产品质量分类监管试行办法

（国家质量监督检验检疫总局公告[2012]74 号）

第一章　总　　则

第一条　为了指导地方质量技术监督部门（以下简称质监部门）加强产品质量监督，提高监管效能，督促生产企业落实质量安全主体责任，根据《中华人民共和国产品质量法》、《国务院关于加强食品等产品安全监督管理的特别规定》、《中华人民共和国工业产品生产许可证管理条例》、《中华人民共和国认证认可条例》等有关法律法规，制定本办法。

第二条　本办法适用于对涉及公共安全、人体健康和生命财产安全的重要工业产品生产企业（有关法律法规和职能分工明确由质监部门负责产品质量监督的企业）实施产品质量监督的分类管理。食品、食品添加剂、食品相关产品、化妆品、计量器具以及特种设备生产企业的监管不适用本办法。有其他专门规定的从其规定。

第三条　本办法所称分类监管，是指质监部门根据产品质量安全风险程度、企业履行产品质量主体责任情况和实现程度，在对企业分类的基础上，为履行产品质量监督职能所实行的综合监管模式。

第四条　分类监管工作遵循统一管理、分步实施、科学高效、公平公正的原则。

第五条　国家质量监督检验检疫总局（以下简称国家质检总局）管理和指导全国工业企业产品质量分类监管工作（以下简称分类监管工作），制定企业分类原则和监管制度，负责对各省（自治区、直辖市）质监部门实施分类监管工作情况进行监督检查。

各省（自治区、直辖市）质监部门（以下简称省级质监部门）按照本办法要求，结合本行政区域实际，制定本行政区域分类监管实施办法，组织实施本行政区域的分类监管工作，建立分类监管工作信息管理系统。各市（区）、县质监部门（以下简称基层质监部门）根据本地实际，具体负责开展企业分类、实施监管措施等工作。

第六条　从事分类监管工作的机构和人员应当忠于职守、勇于负责、依法行政、严格监管。

第二章　企业分类

第七条　企业分类是质监部门为实施产品质量分类监管措施，依据《工业企业产品质量分类监管通用规则》（以下简称《通用规则》，见附件），对企业履行产品质量主体责任的保障能力和实现程度进行分类的活动。

第八条　《通用规则》是基层质监部门对企业进行分类以及监督检查的主要依据。省级质监部门应结合本地监管工作实际，制定《通用规则》实施细则。

第九条　《通用规则》规定的分类监管信息主要包括产品质量安全风险程度信息、企业履行产品质量主体责任等信息。

第十条　省级质监部门负责本行政区域内企业分类信息的监督管理。基层质监部门依据《通用规则》和实施细则，主要通过日常监管活动收集辖区企业的分类信息，并负责核实和更新。

第十一条　依据《通用规则》，企业履行产品质量主体责任的保障能力和实现程度分为：AA、A、B、C 四个类别。

AA 类企业：是指履行产品质量主体责任的保障能力强和实现程度好的优秀自律企业，能够认真遵守法律法规，有效运行质量管理体系，积极承担质量安全责任，保持产品质量持续稳定合格；

A 类企业：是指履行产品质量主体责任的保障能力较强和实现程度较好的良好自律企业，能够自觉遵守产品质量法律法规，有效运行产品质量管理体系，保持产品质量持续稳定合格；

B 类企业：是指具有基本的履行产品质量保障能力的企业，产品质量基本保持稳定，无经查实的媒体曝光和消费者反映强烈的产品质量问题；

C 类企业：是指履行产品质量主体责任保障能力较差的企业，在近 3 年省级以上产品质量监督抽查中出现 2 次（含）以上不合格情况，或存在拒绝产品质量监督抽查行为，或存在产品质量行政处罚记录，或存在经查实的媒体曝光及消费者反映强烈的产品质量问题。

所有企业必须完整真实地保存履行产品质量主体责任的记录。

第十二条　基层质监部门依据《通用规则》和实施细则，对辖区企业进行分类，并将企业分类报上级质监部门备案。

第十三条　企业分类情况属产品质量监督工作信息。企业不得将分类结果印制于产品标志，不得用于广告、宣传等商业目的。

第三章　分类监管方式

第十四条　基层质监部门根据企业分类情况，结合本辖区企业实际，对企业实施的监督检查形式主要包括：产品质量监督抽查、定期监督检查、专项监督检查和回访。

第十五条　定期监督检查是指质监部门有计划地对企业进行的监督检查和日常巡查。为避免重复检查，原则上由省级质监部门统一制定本行政区域的定期监督检查或日常巡查计划，由基层质监部门依据《通用规则》和实施细则规定的项目对企业实施定期监督检查。

第十六条　专项监督检查是指质监部门对产品质量安全问题突出的重点产品、重点企业和重点行业，开展的专门性监督检查。

第十七条　回访是基层质监部门对监督检查中发现的企业产品质量问题、质量违法行为整改落实情况的核查。

第十八条　基层质监部门按省级质监部门制定的实施办法，结合本地实际确定对不同类别的企业实施不同的监督检查形式。原则要求如下：

（一）对AA类企业实施信用监管方式，主要监督检查企业落实自我承诺情况。

1. 企业每年定期向质监部门报告自我承诺落实情况，积极回应、有效解决社会各方面反映的产品质量问题；

2. 质监部门根据需要对企业自我承诺落实情况进行监督检查；

3. 质监部门支持其积极落实产品质量主体责任，优先推荐其申报政府质量奖等质量奖励。

（二）对A类企业实施责任监管方式，主要监督企业落实产品质量主体责任情况。

1. 企业每年定期向质监部门报告产品质量主体责任落实情况，积极回应、有效解决社会各方面反映的产品质量问题；

2. 质监部门根据监管需要及社会反馈信息对企业落实产品质量主体责任情况进行监督检查；

3. 质监部门指导和支持其不断提升履行产品质量主体责任的能力。

（三）对B类企业实施常态监管方式，主要采取以下监管措施：

1. 企业每年定期向质监部门报告产品质量主体责任落实情况，积极回应和解决社会各方面反映的产品质量问题；

2. 质监部门根据本地实际开展监督检查；

3.质监部门指导企业不断完善质量管理、检验检测、计量和标准体系，增强履行产品质量主体责任的意识和能力。

（四）对C类企业实施加严监管方式，根据产品风险程度和企业实际，主要采取以下监管措施：

1.企业每年定期向质监部门报告产品质量主体责任落实情况，积极回应和解决社会各方面反映的产品质量问题；

2.质监部门将其列为本辖区重点监管企业；

3.质监部门根据实际情况，按照加严监管的要求开展监督检查。

4.根据监督检查情况，对未有效履行产品质量主体责任的企业负责人进行履责约谈，并责令企业限期整改。

5.对已经获得的质量奖励和其他质量扶持政策，依据相关规定取消或建议有关部门予以取消。

第十九条 基层质监部门对企业实施监督检查时，可依法采取查阅资料、现场核查、产品抽样检验等方式。实施监督检查不得影响企业正常生产经营，不得谋取不正当利益。企业应当依法主动配合监督检查，如实提供有关资料、回答相关询问。

第二十条 国家质检总局根据工业产品质量安全风险信息开展风险等级评估，将工业产品质量按风险程度分为Ⅰ级（高风险）、Ⅱ级（较高风险）、Ⅲ级（一般风险），并动态发布重点工业产品质量监督目录。质监部门结合辖区内工业产品及企业实际进行评估后，可以增加本地区的Ⅰ级（高风险）和Ⅱ级（较高风险）产品目录。

基层质监部门对确定为Ⅰ级（高风险）产品的生产企业应按照从严监管的原则，将监管方式按照本办法第十八条有关规定相应下调一级；对确定为Ⅱ级（较高风险）和Ⅲ级（一般风险）产品的生产企业，可结合辖区内的实际情况，适当调整监管方式。

第二十一条 质监部门结合监督检查情况，根据本办法规定的职责权限，对企业的分类和分类监管方式实行动态调整。调整周期原则上为1年。对企业的分类不允许越级上升，但可以越级下降。企业出现下列情形之一的，应当作降级处理，并相应调整监管方式：

（一）违反相关质量法律法规规定，受到行政处罚的；

（二）企业质量保证能力存在严重隐患的；

（三）产品质量监督抽查出现不合格的；

（四）发生经查实的消费者反响强烈或新闻媒体曝光的产品质量问题的；

（五）出现其他应当降级处理情况的。

第二十二条　质监部门在实施分类监管中发现企业存在质量违法行为的,应依照相关法律法规处理。

第四章　附　　则

第二十三条　本办法规定的分类监管是对企业履行产品质量主体责任的综合监管模式,不代替相关法律法规规定的其他产品质量监督措施。

第二十四条　本办法由国家质检总局负责解释。

第二十五条　本办法自公布之日起30日后施行。

附件:工业企业产品质量分类监管通用规则

附件

工业企业产品质量分类监管通用规则

企业名称：________________（盖章）

产品类别：________________

国家质量监督检验检疫总局编制

年　　月　　日

<table>
<tr><td rowspan="4">企业基本情况</td><td>企业名称</td><td></td><td>产品类别</td><td></td></tr>
<tr><td>监督检查形式</td><td colspan="3">□定期监督检查　□专项监督检查　□回访</td></tr>
<tr><td>住所/生产地址</td><td></td><td>法人代表</td><td></td></tr>
<tr><td>生产许可证书</td><td></td><td>强制性认证证书</td><td></td></tr>
<tr><td rowspan="9">监督检查记录</td><td>（一）主要产品质量安全风险程度</td><td colspan="3">根据产品质量安全风险等级评估，该企业所生产主要产品的质量安全风险程度综合评定为：□Ⅰ级（高风险）　□Ⅱ级（较高风险）　□Ⅲ级（一般风险）</td></tr>
<tr><td rowspan="8">（二）企业履行产品质量主体责任的情况和实现程度</td><td colspan="2">*1.有营业执照，经营范围覆盖所生产的产品</td><td>□发现问题□未发现问题</td></tr>
<tr><td colspan="2">*2.涉及行政许可的产品取得相应的许可资质（生产许可证、计量器具制造许可证、特种设备制造许可证等），无伪造、变造、出借等违法使用情况</td><td>□发现问题□未发现问题</td></tr>
<tr><td colspan="2">3.企业按照现行有效的国家标准、行业标准、备案的企业标准组织生产</td><td>□发现问题□未发现问题</td></tr>
<tr><td colspan="2">4.有质量手册、程序文件、质量记录等质量管理体系文件</td><td>□发现问题□未发现问题</td></tr>
<tr><td colspan="2">5.有计量管理制度、计量器具台账等计量管理文件，计量器具在检定（或校准）有效期内</td><td>□发现问题□未发现问题</td></tr>
<tr><td colspan="2">6.有原材料进厂验收制度，有原材料进货台账及验收和不合格原材料处理记录；关键工序有作业指导书；按产品标准、生产许可证实施细则等对出厂产品进行检验把关，且有档案记录</td><td>□发现问题□未发现问题</td></tr>
<tr><td colspan="2">7.质量控制关键点的人员、检验检测人员和质量管理人员经培训合格后上岗</td><td>□发现问题□未发现问题</td></tr>
<tr><td colspan="2">8.做出积极履行产品质量主体责任，出厂产品质量合格的承诺，积极配合监管部门监督检查</td><td>□符合□不符合</td></tr>
</table>

续表

<table>
<tr><td rowspan="11">监督检查记录</td><td rowspan="11">（二）企业履行产品质量主体责任的情况和实现程度</td><td>9.有原材料购买、使用台账和产品生产、销售台账，能实现产品质量可追溯，并能对不合格产品实施处理</td><td>□发现问题□未发现问题</td></tr>
<tr><td>10.对产品质量问题能及时采取修理、更换、退货、损害赔偿等措施，保障消费者的合法权益</td><td>□发现问题□未发现问题</td></tr>
<tr><td>11.依据产品召回有关规定，依法对不合格产品实施召回，并积极采取纠正和预防措施</td><td>□发现问题□未发现问题</td></tr>
<tr><td>*12.产品标识有中文标明的产品名称、生产厂厂名和厂址，有认证标志等质量标志</td><td>□发现问题□未发现问题</td></tr>
<tr><td>13.连续3（含）次以上省级以上监督抽查合格</td><td>□符合□不符合</td></tr>
<tr><td>*14.近3年内省级以上产品质量监督抽查未出现2次（含）以上不合格情况，无拒绝监督抽查行为，无产品质量行政处罚记录，无经查实的媒体曝光及消费者反映强烈的产品质量问题</td><td>□符合□不符合</td></tr>
<tr><td>*15.不存在使用国家产业政策规定的禁用或淘汰的落后工艺和设备</td><td>□发现问题□未发现问题</td></tr>
<tr><td>*16.无质量违法违规行为记录，无经查实的投诉举报记录</td><td>□发现问题□未发现问题</td></tr>
<tr><td>*17.生产许可证获证企业按期提交年度自查报告</td><td>□符合□不符合</td></tr>
<tr><td>18.企业达到规模水平、处于行业龙头地位</td><td>□符合□不符合</td></tr>
<tr><td>19.获得名牌产品、政府质量奖、标准创新贡献奖、标准化良好行为企业等质量奖励和荣誉</td><td>□符合□不符合</td></tr>
<tr><td>评定意见</td><td>监督检查人员意见</td><td colspan="2">根据对该企业监督检查情况，依据产品质量安全风险程度及履行产品质量主体责任能力，该企业分类拟为：□AA　□A　□B　□C

监督检查人签字：　　　　年　　月　　日</td></tr>
</table>

续表

<table>
<tr><td rowspan="2">质监部门意见</td><td>基层质监部门意见</td><td>对该企业实施监管方式拟为：□信用监管 □责任监管 □常态监管 □加严监管

盖章 年 月 日</td></tr>
<tr><td>省级质监部门意见</td><td>
盖章 年 月 日</td></tr>
</table>

备注：（一）此表适用于依据《工业企业产品质量分类监管试行办法》对工业企业实施的监督检查和分类监管。

（二）根据履行产品质量主体责任能力和实现程度对企业分类监管等级进行评定。AA类企业：全部监督检查记录为未发现问题（符合）。A类企业："未发现问题（符合）"项占全部监督检查记录的90%以上。B类企业："未发现问题（符合）"项占全部监督检查记录的60%～90%。C类企业：指向型指标"发现问题（不符合）"，或者"未发现问题（符合）"项占全部监督检查记录的60%以下；带*项目为C类指向型指标，如果该项发现问题（不符合），应直接判定为C类企业。省级质监部门可结合本地实际参照执行。

（三）省级质监部门应按照《通用规则》的评定项目，制定《通用规则》实施细则。在实施细则中，可对《通用规则》确定的基本要点进行补充和细化，所制定的评定项目不得少于《通用规则》确定的项目要求。AA类企业的评定应依据本办法从严要求。